餐桌上的香

中式香料百科

說香人　盧俊欽
料理人　潘瑋翔
著

從飲食軼事到色香味用，
厚實料理深度的香料風味事典

廚房！是老藥舖櫃台後那只藥櫃的延伸

廚房，是老三我另一個熟悉的地方，從小就跟著老媽媽在這地方打轉，也愛將前堂藥舖藥櫃裡的香料往這裡搬，廚房裡的瓶瓶罐罐自然也是不陌生，雖然廚房跟前堂藥舖大不相同，但仔細認真一看，裡頭架上的那些辛香料、調味料，也多半與前堂靜靜躺在藥櫃裡面的那些藥材有所關連。躺在藥櫃裡叫做「藥材」，將「它」搬到廚房裡，就搖身一變成為辛香料了；放在茶杯裡，沖進熱開水，這又變成養身茶飲；放進鍋中，立刻又成就一道道美味的佳餚！

既然在藥櫃就叫做藥材，在廚房就叫做辛香料，而廚房又是平日我常窩的地方，從小就在藥櫃後長大，對於藥櫃內的香料我是熟悉的，若是將前堂的藥櫃搬進廚房裡，我想這將是一件非常有趣的事！

老藥舖裡藥櫃後面，有的是歷史的人情故事，而廚房卻是藥舖中，那些時代故事的延伸，而這些一路傳承下來，總也想是否可以來點不一樣的？這些常見與不常見的中式香料，種類其實非常繁多，不單單只是大家所認識的八角、肉桂，更不僅是甘草、花椒、胡椒所能涵蓋的！

以現代的眼光來看這些中式香料，老早已不是單純的純中式香料，這當中有一部分與傳統藥材重疊，也有一部分與西式香料重疊，更有一部分與南洋香料有著密不可分的關係。

然而中式香料搭配中式菜餚，西式香料創造出西式餐點，南洋料理也自成一格，這似乎是一件再合理不過的事。

若能重新以另一個角度來看，這一大族群的中式香料，一樣從中式料理出發，但另一方面也從西式餐飲的角度來發想，用西式的餐飲手法，來詮釋中式香料，讓香料的演繹不再拘泥於一隅，進而碰撞出新的火花，我想這也是在書寫這些香料時，所帶給我的另一種啟發。

感謝這次的搭檔，夢想家料理的型男主廚潘瑋翔老師的鼎力相助，從他的西式料理角度，更擴大我對香料的另一層面的啟發。

感謝《藥舖年代》一書主編忠恬的起頭，更感謝麥浩斯總編輯貝羚一路親力親為，將這本書做最完美的呈現。

盧俊獻

終於有機會跟三哥一起合作了！

多年前在廚房裡頭，每當有中式香料的疑問時，總會立馬上網搜尋『福伯本草』，這是三哥親自逐字撰寫的部落格，裡頭有著豐富的中式香料資訊，也總能為我「立即解惑」！

我在2013年《餐桌上的蔬菜百科》出版之後，一直都在尋找新的題材與內容與大眾分享，市面上有許多的食譜料理書出版，豐富的美食料理技法在近年來更與大家形影不離，創造新的飲食話題，也是我多年用心的方向。

憑藉著對於料理的熱情，各式各樣的風味變化一直讓我充滿好奇的想像，有三哥這樣的前輩在身邊，無論是麻辣醬、蒙古鍋……，凡是味型與中式香料相關的疑惑，他總能一一破解，也因著馮忠恬編輯的提議，促成了這本中式香料百科的誕生。

從小家裏是舶來品商行，五花八門的中藥材總在家裡冰箱堆得滿滿，枸杞、黃耆、當歸、人蔘總在我每天進出的大門口出現，還記得國中時候，拿竹笙與川穹煮了羹湯，拿了何首烏烤乳鴿，在父母眼裡看似胡搞的料理，卻贏得多數人的贊同，我想與中式香料的淵源，應該要感謝我父母當年辛苦經營的商行！

隨著料理風味演化，連國外也開始大量使用八角、桂皮等中式香料，但對於其他中式香料的運用，絕大部分印象都停留在燉湯、食補，市面上解說中式香料的書籍也不常見，因此製作這本《餐桌上的中式香料百科》，簡直深深燃起我的料理魂。裡頭我們分成了十種家族香料，表述了七種香料性味分類，抽絲剝繭從架構去了解香料是增強記憶的好作法，其中更有趣的就是原本你以為的東西，其實跟認知裡截然不同，還有一些不常見的特殊品。

書本裡的文字仔細訴說了每個香料的故事、挑選與保存，透過每種香料的獨特味道，創造出傳統與創新的食譜，傳統的食譜有著絕佳的香料比例，創新的食譜帶給大家全新的體驗，百變香料層層推疊，豐富了香料知識，讓香氣瀰漫飲食生活當中。

特別感謝城邦許貝羚總編與王正毅攝影的圖文編撰，更感謝一直陪伴料理夢想家的好朋友們，誠摯為大家獻上《餐桌上的中式香料百科》！

家族香料

1-1 胡椒家族

1-2 茴香家族

1-6

薑科植物 種子家族

1-7

薑科植物 地下莖家族

1-8

蔘類家族

1-9

繖型花科家族

香料性味

1-10 芸香科家族（除花椒外）

2-1 染色作用

2-2 異香作用

1-1 胡椒家族

胡椒到底有幾種呀？

這個原產地在印度，早早在漢朝時就已經傳入中國，曾經掀起西方大航海時代，也曾價格可比金貴，在大明朝曾當作朝廷官員薪水發放的香料，更讓全球廚師也瘋狂，它就是香料首選一胡椒。

胡椒雖不是用量最多的香料，卻是用途最廣的香料，如此說應該沒有人會反對吧。但「胡椒」一類究竟有幾種？一般常見的胡椒，市面上大概可找到4種，也就是白胡椒、黑胡椒、綠胡椒及紅胡椒。至於胡椒其他的種類還有多少，則眾說紛紜，理也理不清，就讓我們試著用老藥舖的角度，來說說胡椒到底有幾種！

胡椒一類，大致可分「胡椒科」與「非胡椒科」兩大類。胡椒應該是大家最熟悉的香料了吧，而這個極為常見的香料，也隨著運用層面的擴大，傳統產區早已無法滿足需求，近年來新興產地所產的胡椒，也在市面上佔有一席之地，不管是越南、緬甸、柬埔寨、海南島，還是遠在南美的巴西，都是常見的新興產地。

然而是傳統產地的品質較好，還是新興產地的胡椒香？我想這又是一個大哉問了。而日常所聞到的胡椒香氣，是胡椒原本的香氣嗎？雖說胡椒大家都很熟悉，不過老三還是從老藥舖的角度，來聊聊胡椒。

先不要急著往下看，想一想，你認為胡椒到底有幾種？ 2種、4種、5種、6種還是更多～

紅胡椒（胡椒科）
畢澄茄（油炸馬告）
甜胡椒
紅胡椒（漆樹科）
長胡椒
馬告（山胡椒）
白胡椒
綠胡椒

WHITE PEPPER

酸
苦
甘
澀
辛
鹹
涼
麻

白胡椒

台灣小吃的百搭香料

〔**別名**〕浮椒、古月、玉椒

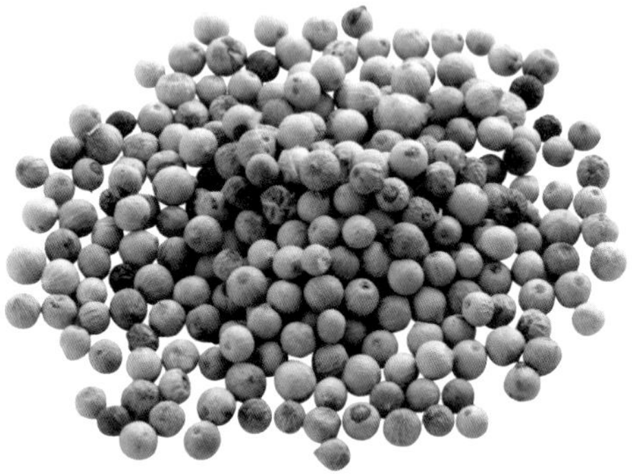

〔**主要產地**〕印尼、馬來西亞、中國、緬甸、越南

〔**挑選**〕新鮮香氣十足、無混雜，味道清香，以沒有布袋味或蟑螂味為佳。

〔**保存**〕放置陰涼乾燥處即可，胡椒粉則以密封瓶存放；胡椒粒研磨成胡椒粉後，應儘快使用，避免香氣揮發，若能達到現用現磨則最佳。

〔**風味**〕原粒直接入菜，提香不增辣。與肉類、海鮮搭配可去腥增香，烹調涼性食材或煲湯時加入適量，既可調味也能去濕散寒。

白、黑、綠、紅胡椒：一類四種都是胡椒科，同一株胡椒樹藤所長出來的，只是成熟度不同而已。胡椒子從淺綠色慢慢變成深綠色再到橘色，最後是成熟的紅色，但常見的「紅胡椒」其實並不是由最後成熟的紅色胡椒而來，這是常有的錯誤認知；紅色的成熟胡椒通常外皮是會腐爛的，並無法定色成乾燥為紅胡椒，所以，西式料理中常用的紅胡椒，其實是另一種非胡椒科的紅胡椒！

而真正胡椒科的紅胡椒，因乾燥困難度較高，市面上難得一見，所以大都以方便取得、漆樹科的紅胡椒來替代，這裡提到的兩種紅胡椒，在下面會做完整的敘述。

反而我們日常所用的白胡椒，即是取成熟的紅色胡椒，經水或藥水浸泡去除外皮，將裡面的成熟種子曬乾後，就是白胡椒了。

白胡椒在藥舖裡，使用機率遠遠高於黑胡椒與長胡椒，雖然漢朝早已傳入中原，也老早就記載於醫書，但藥舖這一脈傳承下來，使用上似乎並無多大的突破。然而老人家都說，藥舖裡的白胡椒比一般超市所販賣的要來得香，但也貴上許多！並非是藥舖的白胡椒有魔法加持，其實說穿了，就在於胡椒純度上。藥舖有別於量販超市體系，供貨上也自成一格，大多數藥舖裡的胡椒粉，都是上游藥商，或是自家送廠研磨的，因為純度高，成本自然就降不下來，香氣上當然也比較能掌握！

平時除了胡椒粉外，在一般複方香料中，白胡椒也被大量地使用著，就連一般常見的湯品，胡椒都扮演著畫龍點睛的效果。先不說有名的胡椒豬肚雞，如果平日喝的四神湯，在燉煮時拍上幾顆胡椒粒一同燉煮，只提香不增辣，便能引出另一個層面的美味。只是胡椒屬於熱性香料，若是體質容易燥熱的朋友，適量食用就好。

胡椒豬肚雞

材料

豬肚　1個
仿土雞　半隻
薑　5片
蔥　1支

香料

紅棗　6粒
黨蔘　6g
黃耆　6g
白胡椒粒　5g（拍破）

調味料

鹽　適量
米酒　少許
白胡椒粉　適量

作法

1. 用刀刮去表面雜質，將豬肚反過來，剪去裡面多餘的脂肪及黏附的髒物。
2. 用鹽巴將豬肚內外反覆搓洗乾淨。
3. 再用麵粉繼續反覆搓洗，直到無黏滑感及異味。
4. 清洗過的豬肚，起一鍋水，加入米酒、薑片汆燙，切條塊備用。
5. 雞肉切塊，汆燙備用。
6. 另起一鍋水約2000～2500cc，先放豬肚，加入四種香料，煮滾後轉小火先煮一小時。
7. 再放入雞塊續煮半小時，熄火前加入適量鹽巴。
8. 最後再加些許米酒提香，依個人口味撒入胡椒粉。

白胡椒奶醬

西式油糊

無鹽奶油 50g
低筋麵粉 50g

材料

高湯 250cc
白胡椒粒 10g
西式油糊 50g
鮮奶油 50cc
海鹽 適量

作法

1 製作油糊：將無鹽奶油與低筋麵粉以小火充分炒開，直至消除麵粉味、出現香氣後取出，備用。

2 鍋內放入高湯與白胡椒粒一起泡製30分鐘。

3 接著開小火煮15分鐘直至胡椒粒軟化。

4 加入50g西式油糊拌勻，將湯汁稠化。

5 最後加鮮奶油與適量的海鹽調味，熬煮至濃稠即可。

《 美味小秘訣 》

- 白胡椒泡在高湯裡越久，風味會更加提升。
- 白胡椒為眾人所喜愛的香氣，既不過度辛辣，且香氣十足，無論是搭配海鮮還是肉類都很適合，甚至是蔬菜都不會違和，可謂百搭醬汁。

酸
苦
甘
澀
辛
鹹
涼
麻

黑胡椒

現磨的最香

〔別名〕黑川

〔主要產地〕印尼、馬來西亞、中國、緬甸、越南等

〔挑選〕清香味濃郁，乾燥程度愈乾燥愈好，且無受潮所帶出的霉味或布袋味。

〔保存〕放置陰涼乾燥處；胡椒粉則以密封瓶存放。胡椒粒研磨成胡椒粉後，應儘快使用，避免香氣揮發，若能達到現用現磨則最佳。

〔風味〕質地較粗、辣味較高，含精油量也高，高溫及現磨能讓味道徹底揮發，香氣更濃郁。

在胡椒的種類中，大家都一致公認黑胡椒最香！因為所含的精油最多，所以最香，這是不爭的事實；但也同時意味著，黑胡椒的品質差異最大。或許有朋友會認為，只要是現研磨的，就沒有品質差異的問題，也或許只要找到對的產區，黑胡椒就能呈現最完美的風味，但其實不然，如果只考量上述就能了解黑胡椒的品質落差，就太簡化黑胡椒所存在品質差異的關鍵了。

產地只是其中一小部分因素，現磨也只是確保精油香氣不提前揮發而已，更重要的是從產地採收乾燥後，經過保存及運送，最後到達消費者手中，這段歷程才是黑胡椒是否呈現完美風味最重要的關鍵！

胡椒從掛果到整串果實都呈現墨綠色時，這時候採收曬乾後，就是我們日常所使用的黑胡椒了。原本的香氣應該是清香味辣，不存在著其他雜味，但多數市售黑胡椒極少呈現如此完美的風味，或多或少都夾雜其他味道，更嚴重一些的還混著布袋味，與自己從產地購買，或是新住民回家鄉自己帶回來的，有著一定的差異性。

現實中，白、黑胡椒經採收曬乾裝袋後，即可出售，但在產地都是以麻布袋來裝袋，當地農民會因要增加收入，可能不會將胡椒曝曬得非常乾燥，如此才能增加一些重量，以致於胡椒經麻布袋包裝後保存，在這其間還會不斷地蒸發水氣，相同的，如遇到潮溼的環境或雨季時，麻布袋會吸收水氣，間接使胡椒也吸收了水氣。

白胡椒因為是成熟胡椒內的種子，蒸發及吸收水氣的情形並不明顯，但黑胡椒因是未成熟的果實所曬乾，當初在曝曬的過程中，蒸發的水氣比較多，以至於曝曬後成外觀有皺紋的黑胡椒，一但遇到潮溼的環境或雨季時，黑胡椒也會快速的吸收水分，便會因麻布袋受潮而吸收麻布袋的味道。這就是為什麼市面上的黑胡椒（雖不是每家都有）常帶著一股布袋味，其實就是受潮現象。

「現磨現用的最香」，是黑胡椒使用上的不二法門，但懂得如何分辨黑胡椒香氣，又是另一門需要學習的功課。

黑胡椒鹹豬肉

材料

- 五花肉 3斤
- 蒜末 100g
- 米酒 100cc

香料

- 黑胡椒粗粉 30g
- 五香粉 10g
- 肉桂粉 10g
- 白胡椒細粉 5g
- 花椒粉 3g
- 鹽 30g

作法

1. 五花肉切約2公分厚度，蒜頭切末備用。
2. 起一乾鍋，將所有香料以小火炒香，均勻混合。
3. 取一小碗，將蒜末、米酒，以及炒香的混合香料拌勻（要讓鹽完全融化）。
4. 將步驟**3**的香料酒，均勻塗抹在每一片豬五花肉上，務必讓酒的水分完全被肉吸收，更能讓豬肉吃進味道。
5. 用保鮮盒或袋子裝起，放進冷藏二至三天醃漬，即可分裝進冷凍保存。

胡椒鹽

香料

鹽 30g
白胡椒 30g
黑胡椒 10g
香蒜粉 10g
花椒粉 5g
味精（或細糖粉、雞粉） 15g
五香粉 3g
肉桂粉 3g

作法

將所有香料一起研磨、混合均勻即可。

美味小秘訣

- 加入味精或雞粉、細糖粉，補充氨基酸（鮮甜味來源），可讓整體風味柔和，美味更有層次。
- 使用岩鹽或玫瑰鹽，可讓胡椒鹽不死鹹。
- 黑白胡椒粉在選擇時，若可現研磨，胡椒風味更加分。

黑胡椒牛排醬

材料

黑胡椒粒 10g
雞高湯 250cc
奶油 5g

調味料

蠔油 10g
梅林辣醬油 5g
砂糖 5g
紅酒 30cc

作法

1 黑胡椒粒壓碎，入鍋乾炒。
2 等黑胡椒炒香後，加入雞高湯以小火熬煮20分鐘。
3 加入調味料續煮濃縮，待湯汁濃稠後，關火，加入奶油充分攪拌。

胡椒風螺

材料

風螺 1斤
蒜末 20g
米酒 1杯
鹽 20g

香料

白胡椒粉 10g
黑胡椒粉 20g
肉桂粉 3g
五香粉 2g

作法

1 風螺洗淨備用。
2 起一油鍋先將蒜末爆香。
3 下風螺、米酒及鹽炒熟，讓風螺吸收酒香。
4 下胡椒、香料，繼續收乾湯汁。（如果單用炒鍋及瓦斯爐上的火力，無法完全收乾湯汁，建議可利用吹風機。）
5 收乾湯汁，並讓風螺緊縮、有嚼勁。

亦可用烤箱製作

若使用烤箱，則先用少許的米酒將風螺泡濕，均勻裹上鹽及胡椒香料，進烤箱以上下火180度，烤10～15分鐘即可。因風螺大小不同，烤製時間可能有些許差異。

酸 苦 甘 澀 辛 鹹 涼 麻

綠胡椒

永遠都只是擺盤用的香料

〔別名〕青胡椒

〔**主要產地**〕印尼、馬來西亞、中國、緬甸、越南等。

〔**挑選**〕清香味中帶淡淡胡椒味及果香味，乾燥程度愈乾燥愈佳。

〔**保存**〕胡椒粒一般選購及儲存，以沒有布袋味或蟑螂味為佳，也就是沒有受潮的胡椒，儲存放置陰涼乾燥處即可；胡椒粉則以密封瓶存放。胡椒粒研磨成胡椒粉後，應儘快使用完畢，避免香氣揮發，若能達到現用現磨則最佳。

幾乎只有在彩色胡椒瓶中才會見到綠色胡椒，觀賞配色的成分大於實際用途。綠胡椒為未成熟的胡椒，經採收後定色乾燥，保持著胡椒原來的色澤，但由於過於細嫩，胡椒該富含的香精分子還來不及飽和，所以香氣與辣度均不及，唯一可取的是尚保留著一絲絲的果香味。

胡椒經掛果在成熟的過程中，會歷經數個階段，依成熟度的不同，胡椒子從淺綠色慢慢到深綠色再到橘色，最後到成熟的紅色。我們都知道，綠胡椒是在胡椒淺綠即採收，黑胡椒是在墨綠色階段，而白胡椒則是在胡椒子變成紅色時，撥開後裡面的胡椒子。不過胡椒在採收時常常是一串胡椒果上，同時有著綠橘紅的果實，椒農採收後不見得會依成熟度不同來分類一顆顆胡椒子，綠、黑、白胡椒！

其實胡椒分類只是依大致性的狀態分類，胡椒串只要是2／3由橘轉紅，即便剩下的1／3尚是墨綠色，採收後經脫皮去果肉的步驟後，就都歸類成白胡椒了。

白胡椒中式料理用得多，黑胡椒反倒是西式料理比中餐多，但綠胡椒的話，中西皆然，裝飾效果比實際風味使用大得多。

燻硫磺

早期由於冷凍定色技術尚未成熟，所以最早使用的保存技術，與一般中藥材的處理大致相同，多半使用燻硫磺，來延長保存期限或是達到定色的效果。但由於這類的保存或定色技術，存在著硫磺殘留的問題，現今隨著冷凍技術的普及，燻硫磺的傳統作法，也就慢慢地被淘汰了。

綠胡椒奶醬花椰菜

材料

A

高湯 250cc
綠胡椒粒 10g
西式油糊 50g
雞骨肉汁 50cc
海鹽 適量

B

白花椰菜 300g
橄欖油 適量

作法

1. 鍋內放入高湯與綠胡椒粒一起泡製30分鐘，再以小火煮15分鐘，直至胡椒粒軟化。
2. 加入西式油糊（參考P.20）將湯汁稠化，最後加入雞骨肉汁與適量的海鹽熬煮至濃稠，即為綠胡椒奶醬。
3. 白花椰菜洗淨並去除粗皮，淋上少許橄欖油，放入烤箱以160度烤30分鐘，直至白花椰菜熟透並焦黃。
4. 將綠胡椒奶醬淋在白花椰菜上即可。

如何自製簡易雞骨肉汁（Gravy）？

一斤的雞骨架，放入180度烤箱烤40分鐘，進爐30分鐘後，放入250g的調味蔬菜（洋蔥、紅蘿蔔、西洋芹、蒜頭）一起烤上色，再將烤好的雞骨與蔬菜，加入高湯熬製一小時後過濾。（熬製高湯時，可以加入月桂葉、迷迭香、胡椒等香料提升風味）

酸
苦
甘
澀
辛
鹹
涼
麻

胡椒科

紅胡椒

可遇不可求的香料

〔別名〕無

〔主要產地〕印尼、馬來西亞、中國、緬甸、越南等。

〔挑選〕清香味濃郁，乾燥程度愈乾燥愈好，且無受潮所帶出的霉味。

〔保存〕放置陰涼乾燥處；胡椒粉則以密封瓶存放，應儘快使用完畢，避免香氣揮發，若能達到現用現磨則最佳。若是鹽漬紅胡椒則以密封常溫陰涼保存即可。

〔風味〕帶有成熟胡椒的果香及香辣氣息。

一般認知中，紅胡椒應該就是西餐用於擺盤的那一種，但其實紅胡椒一類兩種，也是個美麗的誤解，大家平常所接觸到的紅胡椒，並不是真正胡椒串成熟後採收下來乾燥而成的紅胡椒粒！

目前大家都將漆樹科的紅胡椒或粉紅胡椒，當成是真正的紅胡椒看待，但真正胡椒科的紅胡椒，因為是成熟的胡椒粒，外層果肉容易腐爛，並不易乾燥，所以要見到的機會甚少，只有在東南亞的超市或許有機會見到鹽漬或醋漬的紅胡椒粒。

而乾燥的紅胡椒出現，更是可遇不可求，且乾燥的紅胡椒顏色不似漆樹科的紅胡椒色彩鮮豔，顏色呈暗紅色，但相對的胡椒香氣就明顯可聞了。

漆樹科的紅胡椒，也就是俗稱的粉紅胡椒，色澤鮮艷，常會被誤認成是真正的紅胡椒，加上取得容易，即便沒有胡椒該有的真正香氣與辣度，依然被大量地使用在各式料理上。
反倒是真正的胡椒科紅胡椒，因為產量稀少，再加上乾燥後，色澤呈現暗紅色，外觀上並不討喜，即使帶有成熟胡椒的果香及香辣氣息，然而取得不易，所以甚少被用於料理。

紅胡椒油醋馬鈴薯

材料

紅胡椒粒 5g
小紅馬鈴薯 3顆
小黃馬鈴薯 3顆
奶油 50g
橄欖油 適量
柳橙汁 50cc
柳橙皮屑 少許
海鹽 適量
巴西利碎 適量

作法

1. 將馬鈴薯放置電鍋內蒸熟後取出，冷卻後切半。
2. 起鍋加入奶油，以小火將馬鈴薯表面煎至酥脆。
3. 煎馬鈴薯的同時，加入紅胡椒粒（可略壓碎），小火煎製，使香氣釋出。
4. 同鍋再加入橄欖油與柳橙汁，晃動鍋身，使醬汁乳化，最後撒上柳橙皮，適量鹽調味。
5. 起鍋前撒上巴西利碎即可。

酸
苦
甘
澀
辛
鹹
涼
麻

漆樹科

紅胡椒

不是胡椒的胡椒

〔別名〕巴西胡椒、胡椒木子

〔主要產地〕印尼、馬來西亞、中國、緬甸、越南、南美洲等。

〔挑選〕清香味濃郁，乾燥程度愈乾燥愈好，且無受潮所帶出的霉味，並保有鮮紅色澤。

〔保存〕儲存放置陰涼乾燥處即可，胡椒粉則以密封瓶存放。胡椒粒研磨成胡椒粉後，應儘快使用完畢，避免香氣揮發，若能達到現用現磨則最佳。

〔風味〕帶有一點點的辣味與胡椒香氣，更近似於一股淡淡的、漆樹科專屬類似油漆的味道。

一提到紅胡椒，幾乎就等同西式料理所使用的香料，從不被認為是中式香料。在中式餐飲的香料世界中，幾乎容不下它的存在，當然在現在所謂中菜西吃的擺盤上出現，又是另當別論了。

這個上世紀八零年代才出現的香料，曾經被多數朋友誤認為是胡椒成熟後轉紅的果實，然而，原產地在巴西，漆樹科的紅胡椒，與本是胡椒科的胡椒有著一段很大的差異，只是因為似乎帶有一點點的辣味與胡椒香氣，而且市場上又找不到真正的紅胡椒，所以就名正言順的被當作紅胡椒來使用了，多數朋友也一直都誤認它就是真正的胡椒成熟後種子，從來不細究這彩色胡椒瓶中紅色的小果子真的是胡椒嗎？

不過說起這紅胡椒本身的真正味道，每個人體驗到的感覺又有認知上的差異性，雖說有點辣，又似乎有點胡椒的味道，不過我卻認為那不是胡椒的香味，而是帶著一股淡淡的漆樹科專屬油漆的味道。

所以就我的認知，雖說是紅胡椒一名，或許西式香料可當成胡椒看待，但在中式香料的世界中，卻無法真正當成胡椒來使用。

酸
苦
甘
澀
辛
鹹
涼
麻

蓽撥

長胡椒

被當成水果的香料

〔別名〕原產於印度，經傳入中國後更名為蓽撥、蓽拔

〔主要產地〕印尼、馬來西亞、中國南方、台灣等。

〔挑選〕色澤黑且有亮度為新鮮貨；色澤暗沉無亮度，則為陳貨。折斷後胡椒香氣及辣度明顯。

〔保存〕常溫陰涼處保存，但要避免受潮。

〔風味〕曬乾的果實具有豐富的揮發精油，除了有辛辣味，還多了一種清新果香，常用於麻辣鍋配方。也可直接單方用於料理，不過因香氣特殊，喜不喜歡見人見智，且用量不宜太多。心臟不好者吃多容易心跳加速，適量食用即可。

是胡椒也是新鮮水果？

當年從原產地印度與白胡椒一同傳入中國後，長胡椒似乎就不見蹤影了，其實並不是消失，只是傳入中國後便被更換了名字，大家一直在尋找的長胡椒，似乎在香料市場中很難找得到，但它卻一直默默地躺在藥鋪的藥櫃中，沒有缺席過，只是在藥舖體系中，不曾出現「長胡椒」這個名字，而是以「蓽撥」，在藥舖中扮演著應該存在的角色。

過往，無論是某名店的香料配方，或者遠從內地帶回來的滷水秘方，又或是自己研發多年的醃製香料，都以「蓽撥」這香料名稱出現於配方中，而非長胡椒，即便是大多的藥舖也未曾聽說過長胡椒，所以就無從連結起。

然而在西式香料中所稱的長胡椒，在台灣其實有更深一層的運用，只是大家甚少去深究其關連性。

胡椒原產地是印度，若就人口密度而言，台灣可能是使用長胡椒最高的一個國家了，不僅僅如此，我們還喜歡把它當水果來看待！

若說是水果，大家一定一頭霧水，但其實，檳榔裡所夾的那一小塊綠色又辣辣的荖藤，就是大家所遍尋不著的長胡椒！這樣是否就能有所連結了，而包檳榔的荖藤葉，其實就是長胡椒葉，檳榔與胡椒的結合，創造出使用密度最高的一個國家，原來長胡椒一直都在，只是我們忽略而已。

但長胡椒有個特點，在新鮮的狀態下，生食並不會散發胡椒香氣，反而有股濃濃檳榔的生青與辣澀感，真正要散發胡椒的辣香氣味，反倒是乾燥後才會明顯，這與其它胡椒有著明顯不同。

香料與水果之分，其實就是一體兩面的事。

白滷水牛腱

香料

蓽撥 3g
白豆蔻 3g
三奈 6g
丁香 2g
甘草 3g
草果 1粒
小茴香 5g
肉桂 5g
白胡椒粒 5g
芫荽子 3g

材料

牛腱 3顆
水 2公升
薑片 5片
蔥 2支
鹽 適量
香油 適量

作法

1. 將所有香料裝進棉布袋中。
2. 起一鍋冷水，放進牛腱，開火汆燙後備用。
3. 另起一鍋水，放進香料包、薑片、蔥、適量的鹽及牛腱。
4. 開火，水滾後轉小火滷製兩小時。
5. 取出後放涼切片、淋上香油即可。

長胡椒使用時可折斷，胡椒香氣及辣度更明顯。

酸 苦 甘 澀 辛 鹹 涼 麻

甜胡椒

讓哥倫布名留青史的香料

〔別名〕眾香子、多香果、牙買加胡椒

〔**主要產地**〕中南美洲。

〔**挑選**〕放入口中咀嚼，有淡淡綜合五香香氣，表皮堅固，沒有破損。

〔**保存**〕目前在市面上可購買到的眾香子，可分為粒及粉兩種，一般眾香子粒常溫儲存即可，若是眾香子粉則需以密封瓶儲存為宜。

〔**風味**〕具有類似五香粉的綜合香氣，可以臨時性充當五香粉替代使用。

這一切都是那隻麒麟的錯？

當年鄭和七次下西洋，其中最遠來到東非的索馬利亞以及坦尚尼亞一帶，找到了傳說中的麒麟，當年要是不急著趕回來獻給明成祖－朱老大，或許鄭和就會繼續航行，也就可能先繞過好望角，而比哥倫布早上八十年到達美洲，發現所謂新大陸了！或許今日大家談論的便是鄭和發現新大陸，並將眾香子帶回中國，而不是哥倫布將牙買加胡椒帶回歐洲了！

提到眾香子，不得不說一下當初哥倫布陰錯陽差的誤會。

從中古時期到三、四百年前，胡椒在歐洲一直是高貴的香料，其價值就如同黃金一般珍貴，哥倫布當時就是為了要到印度及中國尋找胡椒而出海的，也就是如此的陰錯陽差，讓他發現新大陸而名垂千古，在中美洲加勒比海附近（他以為是印度），發現了眾香子，由於哥倫布並未見過胡椒的果實，看見一串串綠色的漿果，就錯將眾香子當作是胡椒，帶回西班牙，於是也稱之為胡椒……。

眾香子在今日也算是運用很廣的香料之一，它的果實混合了肉桂、肉豆蔻、丁香、豆蔻皮及胡椒的綜合香氣，還有一絲絲清涼的口感，所以也被稱為多香果，但與胡椒相比又少了一股香辣感；眾香子也比胡椒果實來得大，但呈棕褐色形態。

雖然眾香子的應用面很廣，但在中式香料中，則是近幾十年才開始運用的新興香料，一般還是多用於西式料理，也更加多元，除了醃漬肉類，料理海鮮及甜點都可看到它的蹤跡。相反的，當用在中式料理時，大都以複方的型態出現，如百草粉、麻辣火鍋、滷水、咖哩配方等等。

不過，當我們臨時找不到五香粉時，眾香子倒是有一妙用，只要將眾香子研磨成粉，即可當成五香粉的代用香料。既是多香果，也是眾香子，如此複合的香氣，你感覺到了嗎！

眾香子烤肉

材料

—豬梅花 500g

眾香子粉

眾香子 10g
香菜籽 5g
匈牙利紅椒粉 10g
黑糖 20g
白胡椒粉 6g

醃肉醬

眾香子粉 25g
蜂蜜 25g
海鹽 5g
橄欖油 30cc

作法

1—將眾香子粉的材料全部調勻備用。

2—豬梅花洗淨擦乾，取調製好的眾香子粉25g，與蜂蜜、海鹽、橄欖油拌勻，醃漬一個晚上。

3—將醃好的豬肉放進烤箱，以170度烤90分鐘後取出，放置20分鐘後切片即可。

美味小秘訣

- 沒有使用完的眾香子粉也可以拿來做醃豬肉，以眾香子粉：海鹽＝1：3的比例；增強鹽度，用來醃漬五花肉，醃漬三天，洗除醃漬物，就可以直接烤來吃。
- 眾香子粉建議放到密封罐裡頭保存。
- 肉烤好後先靜置，運用冷縮原理，可以讓肉汁收縮在烤肉裡面，一方面增加烤肉熟化程度，一方面也能增加肉汁的含水度。

酸
苦
甘
澀
辛
鹹
涼
麻

樟樹科

馬告

不是台灣特有的香料

〔別名〕山胡椒、木姜子、山雞椒、香樟、山蒼子、辣薑子

〔主要產地〕台灣、緬甸、雲南、四川。

〔挑選〕選購時色澤黑、有亮度且香氣足。

〔保存〕馬告由於含有豐富的揮發油，所以在儲存時，建議以密封瓶收藏，並放置冷藏或冷凍，可避免馬告的香味快速飄散。

〔風味〕馬告是從泰雅語Makauy而來，是台灣原住民常用香料，但不是特有香料，具有檸檬、香茅及薑的綜合香氣，很適合燉肉煮湯。

約莫在十年前，每當有人介紹到原住民的美食「馬告雞湯」，常會說，裡面的秘密香料－山胡椒，是台灣特有香料！但是，果真如此嗎？

馬告，帶有老薑及胡椒香氣，卻沒有這兩種香料的辛辣感，又好像加了檸檬香茅但卻沒有香茅的青草味，這個又稱做「山胡椒」的香料，也叫「畢澄茄」，搞得大家好辛苦。

後來大家才慢慢知道，馬告並非台灣特有的香料，只是擁有多個不同的名字，也老早在不同的地區演化出各式用法與美食料理。

原來換個地方，原來的馬告就變成木姜子了，貴州的酸湯魚料理，裡面畫龍點睛的秘製香料油，叫做木姜子油，說穿了就是我們熟知的馬告，只是對岸習慣性的將木姜子榨油使用，而我們較習慣將乾燥或冷凍原粒打碎使用。一樣的香料，卻因地方不同隔著使用名稱的差異性。

台灣叫做「馬告（山胡椒）」，四川、雲南、貴州稱為「木姜子」，但從雲南越過關卡來到緬甸北部的金三角一帶，又叫回「山胡椒」了。

住在緬北金三角的華人朋友跟我提到，自從金三角大部分地方無法繼續種植罌粟之後，有一部分地區就轉栽種山胡椒這類的經濟作物，但當地人卻少使用這種香料，反倒是再賣回雲南，一進入中國地界，這香料就又改名為木姜子，再製作成木姜子油使用在料理上。

比較可惜的是，目前台灣尚未有較大規模的經濟種植，一切仍處於自然野生的型態採收，這部分我想如果站在美食或地方特色的推廣角度來看，尚有一段努力的空間。

馬告雞湯

材料

- 乾燥馬告　10g
- 帶骨仿土雞腿　2支
- 薑片　少許
- 鹽　少許
- 米酒　少許

作法

1. 馬告拍碎，用棉布袋裝起。
2. 雞腿剁塊，汆燙洗淨備用。
3. 起一鍋水，放入雞腿肉、馬告、薑片。
4. 煮滾後，轉小火約20~30分鐘繼續燉煮。
5. 熄火前加入適量鹽、少許米酒調味即可。

CUBEB

酸
苦
甘
澀
辛
鹹
涼
麻

樟樹科/炸過油的馬告

畢澄茄

廢物再利用的辛香料

〔別名〕山胡椒、澄茄、畢茄

〔**主要產地**〕四川、福建、廣西、雲南、貴州、緬甸。

〔**挑選**〕選購時建議挑色澤黑、有亮度且香氣足。

〔**保存**〕常溫密封陰涼處保存。

山胡椒與馬告一事尚未完畢！多數人常會對這兩種香料感到迷惑與困擾，不只是名稱所帶來的混淆，也常因香氣不同而摸不著頭緒，當年李老先生在他花了大半輩子《本草綱目》所說的畢澄茄一類兩種，就已經那麼難理解了…。

在大家都還搞不清楚之際，忽然間又多了一種，也叫做畢澄茄也稱為山胡椒，李老先生當年所說的畢澄茄一類兩種，終於還是被後代子孫們改成一類三種了。

藥舖長期以來，藥櫃中一直有著畢澄茄這種藥材，因為沒有所謂薑、胡椒及檸檬的混合香氣，只有苦與澀，所以一直不當香料使用，只當藥材看待。

但卻在偶然之間，發現了對岸所製作木姜子油後的料渣，本應該變成廢料，竟搖身一變，成為藥舖所使用藥材的一種畢澄茄。這個榨過油的木姜子，還存在著一點點香氣，又帶一點點油膩，但又不像馬告（或俗稱木姜子）的香氣這麼濃郁，當然這也勉強叫做山胡椒，更流入藥舖中被充當畢澄茄使用。

是誤用？還是故意使用？重要的是，我們是否有能力來分辨這當中的差異性，免得原本要入香料的馬告或木姜子，來煮一鍋有檸檬香氣的雞湯，最後卻錯用藥舖裡沒有了香氣且苦澀味明顯，只能當成藥材的畢澄茄！

關於長尾胡椒（爪哇胡椒）

在網路世界中，還可搜尋到另一種畢澄茄，又名長尾胡椒或爪哇胡椒，所描述的香味氣息和馬告相似，所以大多數人會將其與馬告誤認成同一種，但馬告屬樟樹科，而長尾胡椒屬胡椒科，或許這當中有些誤植，但就其果實部分還是有明顯的差異性，尤其是在果柄的部分明顯不同。

酸
苦
甘
澀
辛
鹹
涼
麻

蓽澄茄

勉強擠進胡椒類別的藥材

〔別名〕山胡椒、澄茄、蓽茄

近年來藥用蓽澄茄需求甚少，這一兩年遍尋上游廠商，均無存貨，或是存貨只有油炸後的馬告，暫無法順利找到本篇所用的蓽澄茄，但又不以假亂真，故無附上照片。

〔**主要產地**〕東南亞、中國東南與西南各地。

〔**挑選**〕選購時建議挑色澤黑、有亮度且香氣足。

〔**保存**〕常溫密封，陰涼處保存。

〔**應用**〕只入藥不入菜的山胡椒。

當年李老先生所說的畢澄茄一類兩種，在藥舖系統中，一直以來都是藥用，也只有苦與澀味，再加上運輸與保存的關係，不曾留意是否有其他香氣存在，因為不當成香料看待，也就沒有人去留意到，藥舖裡的畢澄茄是否曾經出現過其他種類。

但當中式香料逐漸被重視、討論後，這香料的差異性，與同名不同物的現象，慢慢的又被重新提起。畢澄茄在以前的醫藥典籍中提到，一類兩種，但為什麼會出現所謂的一類兩種，而兩種卻又不是同科屬的植物種子，香氣與味道不相同，這也有其歷史背景。

在明朝甚至更早之前，中國所使用的畢澄茄，一直都當成藥材使用，看重的是藥性，但由於交通不便加上幅員遼闊，從東北到廣州，事實上要取得同一種藥材，並不是一件容易的事，所以在用藥的需求上，就會在當地尋找藥性雷同的植物來取代，演變至今才會產生一樣是畢澄茄，卻有三種不同的東西出現的狀況，也分屬在胡椒科與樟樹科的植物身上。而大家的認知中，山胡椒又等同於畢澄茄，所以才會造成大家對於山胡椒有眾多不同的看法。在當時的歷史背景中，這是可以理解的一件事，但若站在香料的使用層面上，這又是一件無法認同的事。

原來藥舖體系的畢澄茄一直以來都有好幾種，而只有苦味與澀味的山胡椒也一直都在。

花市的胡椒樹

在台灣的花市中，常會看到有老闆販售「胡椒樹」，但買回家種植後，卻永遠盼不到胡椒樹掛果胡椒串的那一天，更別說是胡椒串由淺綠轉成紅色的胡椒果了。其實這並非胡椒，而是花椒的一種，芸香科植物。

這種植物有一個特點，小小的葉子，帶有明顯柑橘類的精油香氣，也叫鰭山椒、岩山椒。因為台灣氣溫偏高，所以要看到花椒掛果的機率並不高，在氣候涼爽的地區，或許有機會看到這所謂的胡椒樹所結的卻是……花椒果！

1-2 茴香家族

大家都在各說各話的一類家族香料。

毫無意外大家一致公認，所有香料中，茴香類的名稱最混亂，有些說孜然是小茴香，又說孜然是大茴香，有些書說千里香是時蘿，或稱小茴香叫懷香！幾乎沒有一本書能說得清楚，以下就來說說自己對茴香家族的看法與見解。

這並非代表大家都在胡說八道，只能說中西兩方對於這類香料，存在著名稱上的差異性，要明瞭這些差異，就要依作者是從西式香料、或是中式香料的角度來看待茴香家族的香料了。

雖然這族群龐大的茴香種類中，有些在中式香料不曾出現或極為少用，以下我們也從老藥舖的角度，從中式香料的角度來聊聊這茴香家族。讓大家將來能簡單的從不同香料書中，比對出大家說的茴香，在你心目中到底是哪一種茴香！

中式小茴香
八角
黑孜然
孜然
亞式大茴香
藏茴香
葛縷子

ANISE

酸
苦
甘
澀
辛
鹹
涼
麻

西式大茴香

大茴香

中式香料沒有它的地盤

〔別名〕洋茴香、歐洲大茴香

〔主要產地〕地中海、埃及。

〔挑選〕在選購各式茴香時，要盡量選擇顏色有亮度的新貨，香氣也會較佳；放入口中咀嚼有明顯八角茴香的味道，甜度明顯。

〔保存〕茴香家族通常以常溫保存即可，不過冷藏可延長保存期限；若選購瓶裝茴香粉，開封後要盡早使用完畢。

〔應用〕與八角茴香相似的甜香味氣息，亦可作為八角茴香臨時性的替代品。

不少人都有著相同的困擾，為什麼香料書所說的大茴香，跟藥舖買到的大茴香長得不一樣？以前的醫藥書籍中也明明說到，茴香有大小茴香之分，為什麼藥舖裡的大茴香何時又變成八角了？

藥舖所說的西式大茴香，並不是八角茴香，卻有著與八角茴香相似的氣味與味道，開頭曾經提到，茴香家族一類，是目前所有香料書籍中名稱最混淆的一群，根本的原因，就是這類中西族群的香料，有些偏西式香料，有些又偏中式香料，更有中西混用的，最終就造成茴香家族名稱極為不統一的狀況。

過去醫書中曾提到大小茴香之分，但大茴香何時不見了，其實無法說明，也就無法證明當時所提到的是否為現在西式所稱的大茴香或孜然，或亦原本就是小茴香，只是產地不同而已？

而有人說這是洋茴香，不過以藥舖的角度來看，這大小型態，有別於中式小茴香與孜然，略大於藏茴香，味道卻與八角茴香相似的……大茴香，應該專屬印度香料店或西式香料店裡才會出現的香料，千萬別到藥舖來找，肯定會大失所望。

西式大茴香，雖然味道與八角相似，卻顯得更柔和細緻，在料理的使用上，不僅止於印度料理，也常見於中東及西式料理或烘焙之中，甚至大茴香所萃取出的精油，更是製作茴香烈酒或茴香甜酒必備的元素。

大茴香豬油酥

材料

- 酵母 10g
- 白砂糖 20g
- 中筋麵粉 400g
- 大茴香 3g
- 杏仁粗碎 120g
- 杏仁粉 100g
- 溫水 220cc
- 黑胡椒粗粒 2g
- 海鹽 2g
- 豬油 200g

作法

1—砂糖、酵母與一半的溫水攪拌均勻，靜置10分鐘備用。

2—接續拌入1／3的中筋麵粉與大茴香，靜置一小時以上使之完全發酵。

3—將杏仁粗碎炒過，直至出現香氣。

4—待步驟**2**的麵糊完全發酵後，加入所有其餘材料揉合成麵團，再靜置30分鐘發酵。

5—將發酵好的麵團分切成70g一份，整型成麻花狀再捲成圓圈狀，繼續發酵20分鐘。

6—將豬油酥麵團放入烤箱，以200度烤20分鐘，再降至160度續烤30分鐘，烤至表皮堅硬，敲擊聲酥脆即可。

7—取出後稍微放置10分鐘，使之降溫再食用。

FENNEL

酸
苦
甘
澀
辛
鹹
涼
麻

中式小茴香

小茴香

藥舖中道地的小茴香

〔別名〕小茴、甜茴香

〔主要產地〕地中海、東南亞。

〔挑選〕挑選時，盡量挑選色澤偏蘋果綠，甜味明顯。

〔保存〕茴香家族一般只要放置陰涼處避免受潮即可，若是研磨成粉的茴香粉就需以密封瓶收藏，避免香氣快速揮發。

〔風味〕性溫味辛，有淡淡甜味。常見於鹹水雞滷水中，也可用於燉肉，是五香粉的基本成員。歐洲常用在魚鮮去腥，印度人則會加入咖哩香料中，與孜然搭配使用。

別人口中的懷香或洋茴香，在藥舖中就叫做小茴香，就連走遍內地的香料市場或是農貿乾貨市場，一樣都叫小茴香，從未更改過；懷香在中式香料中，指的則是另一種香料，而西式香料最常稱為小茴香的孜然，它就是孜然，一樣未曾更動過。

小茴香的形體比孜然明顯大上一號，味道也截然不同，不似孜然如此霸道直接的香氣，卻多了一股甜味與微辣感，也沒有葛縷子的苦味層次。

在運用層面上，中式小茴香幾乎是所有複方香料的基本成員，不管是從最基礎的五香粉、十三香，再到一般滷水香料，或是更進階到麻辣鍋香料，無一不見這小茴香的蹤跡。

常見用法會以小茴香搭配孜然，這兩種同為茴香種類、但香氣不同的茴香組合，可創造出不同香氣的層次感。

小茴香蘿蔔乾辣椒醬

材料

A

小茴香粉 15g
朝天椒 300g
菜椒 300g

B

蒜末 200g
蘿蔔乾 300g
沙拉油 400cc
豆豉 50g
醬油 30cc

作法

1 — 辣椒洗淨，晾乾或擦乾，用調理機打成粗片狀。

2 — 蒜頭拍碎或用調理機攪碎；蘿蔔乾泡水，稍稍洗去鹽分後，瀝乾備用。

3 — 起一乾鍋，開小火先將蘿蔔炒乾水分並炒出香氣後，起鍋備用。

4 — 重起一油鍋，放入辣椒碎，以小火煸炒出色澤及香氣後，加入蒜碎續炒。

5 — 炒至蒜香出現，再加入炒香的蘿蔔乾及豆豉，待炒出多餘水分後，最後從鍋邊嗆入醬油，加入小茴香粉，攪拌均勻即可熄火。

6 — 分裝，冷卻後即可冷藏保存。

炸醬

材料

- 豬絞肉 600g
- 豆干 200g
- 毛豆 200g
- 薑末 20g
- 蒜末 40g
- 蔥花 適量
- 沙拉油 50cc
- 水 200cc

調味料

- 白胡椒粉 1g
- 小茴香粉 3g
- 甜麵醬 3大匙
- 豆瓣醬 2大匙
- 冰糖 適量
- 醬油 1大匙
- 鹽 少許

作法

1. 豬絞肉放進白胡椒粉、小茴香粉及少許醬油拌勻。
2. 豆干切丁備用。
3. 起一油鍋，先將豆干煸炒至金黃色後起鍋，鍋中留炒豆干的油。
4. 下蒜末及薑末爆香後，下絞肉炒至絞肉變色。
5. 下甜麵醬及豆瓣醬續炒，炒至豆瓣醬香味出現。
6. 下豆干丁、毛豆、冰糖、剩餘的醬油，翻炒一下。
7. 加水200cc續煮，待稍微收汁後，再以鹽調味即可。

酸 苦 甘 澀 辛 鹹 涼 麻

西式小茴香

孜然

連成吉思汗也瘋狂的香料

〔別名〕小茴香、馬芹

〔主要產地〕新疆、甘肅、內蒙、印度、埃及。

〔挑選〕挑選時，盡量挑選色澤偏蘋果綠，拿幾粒放在手心搓揉，香氣明顯。

〔保存〕一般只要放置陰涼處避免受潮即可，若是研磨成粉的茴香粉就需以密封瓶收藏，避免香氣快速揮發。

〔風味〕對於牛、羊肉的去腥很有效果，主要用於蒙古火鍋、新疆烤肉，也用在麻辣火鍋、咖哩粉與百草粉內。屬溫熱香料，熱油或高溫能幫助釋放香氣。

就屬這個香料名稱差異最大。西式香料稱小茴香，也有人稱大茴香，但在老藥舖裡一直都叫孜然，無改名過，也無法改名，因大小茴香名字都被佔用了。

多數人會認識孜然，我想大多與元朝大帝成吉思汗有關。十幾年前的一股蒙古火鍋熱，將孜然也一併帶進了台灣的香料體系中，在這之前，聽過孜然的不多，藥舖將小茴香當作孜然出售的大有人在，但一股火鍋熱潮，將這香料紅紅火火的引入台灣。

之所以如此，正是因為當年火鍋業者們，都將這蒙古火鍋獨特的孜然味，與成吉思汗做連結，就因為成吉思汗所帶領的蒙古大軍吃了這火鍋，所以體力大增，攻無不克戰無不勝，後來才開創出橫跨歐亞非的元朝大帝國⋯。

用香料與故事連結，無非是要為香料創造神奇與特殊性，這是誇張了些，不過就香料本身而言，孜然對於牛豬羊較重的腥羶味，的確有著較佳去腥羶的效果，所以用蒙古大軍所在西北方來做故事的連結也就說得過去了，因為香料產地、牛豬羊的養殖地都在那裡。

孜然在內地，是一種令人再熟悉不過的香料，因為從北方人愛吃的烤串，再到南方也流行的燒烤，孜然儼然就是第一男主角！因為內地的烤串，若少了孜然一味來去腥提香，這烤串就失去應有的味道了。

不過孜然雖然香氣明顯，但這直接且霸道的香氣，並不是每個人都能接受的，是一種讓人愛恨分明的香料。

燒烤孜然調味料

A 以香料粉調製

孜然粉 20g
白芝麻粒 15g
辣椒粉 10g
白胡椒粉 5g
五香粉 3g
味精 10g
鹽 20g

作法

將所有香料粉混合均勻即可。

B 香料顆粒製作

孜然粒 50g
岩鹽 40g
味精 15g
細糖粉 15g
白胡椒粉 10g
黑胡椒粉 10g
肉桂粉 10g
芫荽子粉 10g
五香粉 5g

作法

1. 先將孜然粒放入調理機稍微打一下，保留孜然的粗顆粒感，如此可讓孜然香氣不會快速揮發。
2. 將岩鹽及味精用調理機打成粉狀。
3. 最後將孜然顆粒及所有材料充分混合即可。

燒烤羊肉串

材料

- 自製孜然粉（P68-配方**B**） 10g
- 羊肉丁 200g
- 韭菜 適量

作法

1. 羊肉丁以孜然粉醃漬兩小時以上。
2. 取醃漬入味的羊肉丁與韭菜段，以鐵籤串起。
3. 放入烤箱，以200度烤5分鐘後翻面。
4. 再續烤3分鐘至表皮金黃即可。

酸

苦

甘

澀

辛

鹹

涼

麻

葛縷子

跟中式香料不熟的茴香類

〔別名〕凱莉茴香、藏茴香

〔**主要產地**〕歐洲、北非、西亞。

〔**挑選**〕挑選時，盡量挑選色澤偏淺綠，帶一點褐色，但不發黑，拿幾粒放在手心搓揉，辛涼香氣明顯，帶一點苦辣味。

〔**保存**〕通常以常溫保存即可，冷藏可延長保存期限；若選購瓶裝茴香粉，開封後要盡早使用完畢。

這個在中式香料中不太熟的香料，型態卻比黑孜然更像孜然而稍稍微彎曲。

香氣味道是所有茴香類中最為豐富的一種，因為包含了茴香類皆有的澀、辣、涼味，更多了一股明顯的苦味。

味道相近於孜然，卻比孜然淡多了，氣味不像孜然如此霸道，多了一股孜然所沒有的苦味，與西式大茴香一樣帶有茴香類少有的澀味，但卻更明顯。

常見於印度料理或歐式料理，是匈牙利燉牛肉中必要之香料，然而中菜料理中不見其蹤跡，或許也是因為產地不在東方，所以雖然是茴香家族的一員，但少被納入中式香料的範疇。

美味小秘訣

- 葛縷子碾壓後更香。
- 如果不喜歡黑啤酒的苦澀，可用黑麥汁取代，相對也要減少黑糖使用量。

愛爾蘭黑啤酒燉肉

材料

- 豬臉頰肉（去除多餘油脂） 600g
- 海鹽 適量
- 黑胡椒粉 適量
- 葛縷子（略為碾壓） 5g
- 麵粉 適量
- 橄欖油 80cc
- 洋蔥切塊 1顆
- 洋菇丁 10朵
- 美姬菇塊 1包
- 黑糖 20g
- 黑啤酒 800cc
- 月桂葉 2片
- 去皮紅蘿蔔塊 1條
- 黃皮小馬鈴薯 3顆
- 奶油 30g
- 巴西利碎 少許

作法

1. 豬臉頰肉以鹽、黑胡椒粉、部分葛縷子醃漬1小時以上，取出沾裹麵粉備用。
2. 取一平底鍋，加入橄欖油，將梅花肉表面煎至金黃，加入洋蔥、洋菇、美姬菇一起炒香，接續加入黑糖炒化、再加入黑啤酒，並放入剩下的葛縷子與月桂葉一起煮開，轉小火慢燉20分鐘。
3. 20分鐘後，加入紅蘿蔔、馬鈴薯、並加入適量開水，再繼續小火燉煮15分鐘直至收汁。
4. 起鍋前，加入奶油使醬汁更稠密，並撒上巴西利碎即可。

紅酒燉牛肉

材料

牛肋條 600g
洋蔥 1顆
馬鈴薯 1顆
紅酒 240cc
牛高湯 1公升

調味料

海鹽 5g
葛縷子 3g

作法

1—牛肋條切除多餘油質，以海鹽、葛縷子抓醃備用。
2—洋蔥、馬鈴薯切大塊備用。
3—熱鍋煎香醃漬好的牛肋條、加入洋蔥與馬鈴薯拌炒上色，再倒入紅酒燒製濃縮湯汁至1／3。
4—最後加入牛高湯一起燉煮至濃稠即可。

酸
苦
甘
澀
辛
鹹
涼
麻

時蘿

在市場中就能找到的香料

〔別名〕千里香、懷香

〔**主要產地**〕地中海、東歐。

〔**挑選**〕辛涼香氣明顯，帶一點苦辣味。

〔**保存**〕通常以常溫保存即可，不過冷藏可延長保存期限；若選購瓶裝茴香粉，開封後要盡早使用完畢。

〔**應用**〕時蘿子在使用上，與其他茴香類大致一樣，通常都要經過研磨或粉粹，才能將味道釋放出來。

藥舖的上游稱為盤商或進口商，原本屬於中式香料的同一個體系，應該對香料名稱有相同的認知才對，但從這些年的經驗中卻發現，老一輩盤商稱之為時蘿或懷香，反倒不清楚千里香是什麼？而年輕一輩的盤商卻相反，有大部分不知道時蘿或懷香，因為他們稱之為千里香。

還好這香料相對好辨認，略扁平橢圓的外觀，苦辣中帶著一股清涼的味道，中西兩方名稱也算統一，反倒是自家人起了代溝了。

市場裡的茴香菜或懷香菜，無論是加蒜末清炒或是包成水餃，明顯濃郁的味道，足以讓人嘗過一次，便無法忘記這香料的氣味！十之八九都應該是時蘿子所栽種出來的茴香菜。

麵香茴香菜煎蛋

材料

- 茴香菜　一小把
- 雞蛋　4顆
- 中筋麵粉　50g
- 水　100cc

調味料

- 胡椒粉　少許
- 鹽　適量
- 胡麻油　適量

作法

1. 茴香菜洗淨、瀝乾水分，切細備用。
2. 先用冷水將中筋麵粉調開，調開後，再加入雞蛋打勻。
3. 加入切細的茴香菜及胡椒粉、鹽調味。
4. 再次將蛋液麵糊及茴香菜拌勻。
5. 起一油鍋倒入胡麻油，放入拌勻的茴香菜蛋液，兩面煎至金黃即可起鍋。

千里香鮭魚雞肉雲吞

餡料

- 雞腿肉末 250g
- 鮭魚清肉末 130g
- 鹽 3g
- 白胡椒 3g
- 白酒 適量
- 新鮮茴香葉 7g
- 千里香 5g

材料

- 餛飩皮 15張

作法

1. 將餡料材料一起混合攪拌均勻，備用。
2. 取餛飩皮包入調配好的餡料成雲吞狀。
3. 將包好的雲吞放入沸水中煮熟後取出即可。
4. 依個人喜好沾醬料食用。

酸 苦 甘 澀 辛 鹹 涼 麻

黑孜然

沒有葛縷子黑的孜然

〔別名〕果黑種草、印度黑色小茴香

〔主要產地〕南亞。

〔挑選〕挑選時拿幾粒放在手心搓揉，孜然香氣明顯。

〔保存〕通常以常溫保存即可，不過冷藏可延長保存期限；若選購瓶裝茴香粉，開封後要盡早使用完畢。

第一次與黑孜然見面，總認為它就是放了很久，顏色已經變深，形體也縮水的孜然罷了！所以如果直接說它是孜然，肯定也有人會相信。

但如果不分辨其味道，就外觀更容易與葛縷子混淆，這一類香料比較會出現在歐式與印度料理中，在台灣算是少見的香料種類之一，要尋找還是得往印度香料店；在印度料理中，黑孜然可以與孜然取代使用。

黑孜然羊腿湯

材料

- 羊肉丁 300g
- 紅蘿蔔丁 80g
- 白蘿蔔丁 80g
- 洋蔥丁 80g
- 西芹丁 80g
- 高麗菜丁 50g
- 高湯 800cc

調味料

- 黑孜然 8g
- 鹽 適量
- 胡椒 適量

作法

1. 羊肉丁以鹽、胡椒、黑孜然醃漬備用。
2. 取一湯鍋，加入少許橄欖油，放入醃漬後的羊肉炒香表面上色。
3. 加入高湯與所有蔬菜一起燉煮20分鐘後，再以鹽巴調味即可。

AJWAIN

酸
苦
甘
澀
辛
鹹
涼
麻

藏茴香

辛辣味最明顯的茴香

〔別名〕印度藏茴香、獨活草

〔**主要產地**〕南亞。

〔**挑選**〕辛涼香氣明顯，帶一點微麻味。

〔**保存**〕通常以常溫保存即可，不過冷藏可延長保存期限；若選購瓶裝茴香粉，開封後要盡早使用完畢。

〔**風味**〕相較於孜然，氣味更濃郁，使用時宜少量使用。

繖型花科一類的香料其實家族龐大，不單是這類茴香，就連藥膳中常見的當歸、川芎、香白芷都是同族群。

千萬別小看這茴香類中型態最小的藏茴香，型態似西式大茴香而略小，辛涼感超明顯，只要一點點就可以顯現出其威力，而辛辣味因過於明顯，容易產生一股若有似無的麻味錯覺。

這香料藥舖體系少見，要找尋就得到印度香料的專賣店不可，而印度藏茴香，又有別名叫獨活草，恰巧藥舖有藥材叫獨活，是常用去風濕解表藥，更巧的是也剛好是繖型花科，可見這繖型花科不管是香料還是藥材，其實是很龐大的一群。

藏茴香燻鮭魚義大利麵

材料

- 乾燥義大利寬麵 100g
- 煙燻鮭魚 50g
- 藏茴香（略為碾壓） 2g
- 蒜片 10g
- 紫洋蔥絲 10g
- 芥蘭菜（切粗絲） 20g
- 高湯 適量
- 鮮奶油 少許
- 橄欖油 適量

美味小秘訣

藏茴香一定要捏壓才能出現味道，加入高湯也要煮一小段時間，使藏茴香的味道更加出色。

作法

1. 煮一大鍋滾水，加入一大把鹽，放入義大利寬麵煮8分鐘。
2. 鍋內加入橄欖油，放入蒜片與藏茴香並小火加熱，直至蒜片變粉白色。
3. 接續加入紫洋蔥絲、芥蘭菜、高湯一起煮開，並放入鮮奶油，轉小火煮至濃稠，再加入燙好的義大利麵與煙燻鮭魚，快速攪拌，使麵體吸附乳化的醬汁。
4. 起鍋前以鹽、胡椒調味即可。

藏茴香烤餅佐咖哩優格

烙餅材料

A

酵母 4g
白砂糖 15g
溫水 150cc

B

中筋麵粉 300cc
藏茴香 3g
鹽 少許
胡椒 少許

作法

1. 將酵母、糖與溫水混合，靜置10分鐘使之發酵。
2. 加入其餘食材混合，將麵團揉至光滑，發酵一小時。
3. 分割成50克一顆滾圓，鬆弛20分鐘。
4. 麵團擀成圓片，熱鍋煎至兩面酥脆膨脹，餅熟了即可取出。

咖哩沾醬

奶油乳酪 100g
檸檬汁 10cc
糖 10g
鹽 2g
酸奶油 70g
自製咖哩粉 5g（參考P.186）
檸檬皮屑 1g
香菜末 3g

作法

1. 奶油乳酪打軟後，加入鹽、糖、檸檬汁打至無顆粒狀。
2. 再加入酸奶油、咖哩粉、檸檬皮、香菜末拌勻即可。

酸
苦
甘
澀
辛
鹹
涼
麻

中式大茴香

八角茴香

因形狀得名的茴香

〔別名〕大料、大茴香

〔主要產地〕越南、廣西。

〔挑選〕挑選時盡量選擇個頭完整，且形體飽滿，香氣明顯。

〔保存〕常溫陰涼處保存，且應避免受潮。

〔風味〕氣味濃，帶微甜與甘草味，常用於台菜為各種肉類去腥增香，適合醃肉、滷煮、紅燒，也是五香粉的基本咖。

茴香類中唯一不是繖型花科的茴香！與西式大茴香都稱為大茴香，但由於外觀有著明顯的八瓣形狀，也是辨識度最高的一種香料。藥舖稱呼是大茴香或八角，對岸習慣叫大料，「八角茴香」，是中西都能認同的一個香料名稱。

雖然外觀形體與西式大茴香截然不同，但味道與香味，與西式大茴香卻極為相類似。

八角茴香不僅是常見香料之一，用途更是五花八門，簡單的兩粒就可以當做滷牛肉的滷料，更別說是其他複方或複雜的香料配方，是中式香料中最常見的基本咖。

雖是常見且常用的基本香料，但還是有人不喜歡八角所帶出過於濃郁的香氣，其乾燥程度決定了品質的差異性。

而八角中所萃取的莽草酸，更是做克流感的重要成分之一，但八角本身並無實際預防流感的效用。

稍要注意的是，另有一種莽草（假八角）和真八角外觀很相似，莽草也是一種中藥材，與八角同屬，但含有神經毒，藥材外觀和八角長得很像，極易混淆。兩者主要的分別：莽草果實較小，角數一般8～13個，長短不一，果莢較細長，味道較苦，千萬別搞亂了。

台式經典滷味

材料

- 豬頭皮 半張
- 豬耳朵 1個
- 小豆干 半斤
- 鴨翅 5支
- 鴨胗 5個
- 海帶結 半斤
- 米血 1塊

香料

- 肉桂 15g
- 八角 10g
- 小茴香 10g
- 陳皮 8g
- 三奈 6g
- 桂枝 5g
- 白胡椒 5g
- 白豆蔻 5g
- 甘草 3g
- 丁香 3g
- 肉豆蔻 1顆
- 草果 1顆

調味料

A

- 醬油 1公升
- 冰糖 400g
- 水 3.5公升
- 薑 5片
- 蔥 1支

B

- 香油 適量
- 醬油 適量
- 胡椒鹽 適量

作法

1. 香料放入調理機或果汁機打碎，用棉布袋包起。
2. 食材分別清洗乾淨。
3. 先炒糖色。起一乾鍋開小火加入冰糖，將糖溶化後，出現焦糖香氣時，再加入醬油煮一下。
4. 煮出醬油香氣後，加水3.5公升及薑、蔥，依食材特性，分次下鍋。
5. 豬頭皮、豬耳朵、小豆干滷30分鐘，鴨翅、鴨珍滷20分鐘，海帶節、米血滷5分鐘，熄火後再燜2小時。起鍋放涼。
6. 切盤後，淋上香油及一點點的醬油，再撒上蔥花即可。

《 美味小秘訣 》

- 各家瓦斯爐火力各有不同，所以燜煮時間略有不同。
- 在滷煮過程，只要保持小滾狀態即可。

台式紅燒肉

材料

五花肉 2斤

香料

八角茴香 2粒
肉桂 1小塊

調味料

醬油 1杯
冰糖 適量
米酒 少許
水 3杯
薑片 適量
蔥段 適量

作法

1 五花肉切塊汆燙備用。

2 起一乾鍋，開小火放入五花肉，先將五花肉油脂逼出（以五花肉自體的油來煸炒），開中小火，炒至五花肉表面微焦黃。

3 下醬油炒出醬香味後，下香料、冰糖、米酒、水、薑片及蔥段，稍微翻炒一下。

4 蓋上鍋蓋，轉小火約45分鐘，中途偶爾翻炒一下，待水分微收乾即可。

1-3

花椒家族

花椒大概是這十幾二十年來最紅紅火火的香料了，就因為麻辣火鍋及川菜菜系流行的緣故，讓這原本只默默躺在藥櫃後的香料，立馬成為詢問度極高的香料，品質也漸漸被重視了起來。

在早年，麻辣火鍋尚未流行之際，要買花椒大概只能上藥舖購買，而藥舖裡的花椒，也幾乎只有一種，不管是藥用或料理用，甚至滷味用，通通只有一種──顏色已經沌掉變成黑褐色，又沒什麼香氣的花椒，更別説要有什麼「麻」的感覺，在當時不管是進口商、盤商甚至藥舖，對於花椒都還處在藥用階段或是用在滷包上，所以大多只抱持著能用的心態就好。

這也間接的告訴我們，為什麼過去的香料書或是烹飪老師常説，不管做什麼用途，花椒一定要先乾鍋炒香，將花椒僅存的香氣，藉由熱鍋將香氣逼出來，要不然花椒會沒有香氣。

直到近一、二十年麻辣鍋引起風潮後，花椒慢慢的開始被重視，這幾年在台灣要找到品質還不錯的花椒並不難，是不是還需要如過去所説，在使用前必須經過乾鍋炒香，就值得重新考慮了。

乾鍋炒製固然能將花椒香氣釋放出來，但先行炒製過的花椒，會更香嗎？還是反而會減弱花椒原本該存在的香氣與麻度？我想依不同用途或料理方式，花椒即有不同的處理，這才是現今對待花椒的正確之道。

保鮮青花椒
紅花椒
青花椒

麻辣鍋

材料

A

燈籠椒 70g
朝天椒 50g
大紅袍花椒 30g

B

蔥 50g
薑 100g
蒜頭 100g
牛油 300cc
沙拉油 200cc

C

郫縣豆瓣醬 500g
米酒 50cc
酒釀 100g
冰糖 50g

香料（一份，用果汁機打成粗顆粒狀）

白胡椒 10g
桂枝 10g
肉桂 8g
小茴香 10g
八角 8g
三奈 8g
當歸 6g
川芎 5g
草果 5g
肉豆蔻 5g
白豆蔻 3g
甘草 3g
丁香 3g
香葉 3g
孜然 3g
甘松香 3g

1—將燈籠椒，朝天椒以熱水泡軟，瀝乾水分。

2—將瀝乾水分的辣椒，以果汁機或菜刀剁成滋粑辣椒備用。

3—用冷水泡濕大紅袍花椒，瀝乾水分備用。

4—蔥切段，薑切片，蒜頭去膜。

5—起一油鍋，炸香蔥薑蒜後，撈起備用。

6—放入滋粑辣椒，以小火慢炒，炒乾水分，並直到辣椒香氣出來。

7—再入郫縣豆瓣以小火炒香，炒出醬香味。

8—放入瀝乾的花椒、米酒及酒釀，小火續炒五分鐘。

9—最後放入香料、冰糖及炸過的蔥薑蒜，熄火靜置兩天即成麻辣醬。

10—靜置後的麻辣醬，以大骨高湯16公升對煮40分鐘過濾。

11—加入適量的調味料即成麻辣湯底。

美味小秘訣

- 花椒泡濕，可減緩炒製時將苦味滲出。
- 靜置兩天，即所謂熟成，目的是要將香料及所有的食材香氣，融為一體。
- 香料不炒製，只用油的溫度將香氣融入中即可，並可減少火候掌握不當，將香料苦味溶出。
- 若有宗教因素無法使用牛油，亦可換成豬油。

麻婆豆腐

材料

豬絞肉 150g
板豆腐 2塊
蔥 2支
薑末 少許
蒜末 少許

調味料

花椒粒 5g
辣豆瓣或郫縣豆瓣 1大匙
二砂糖 1小匙
醬油 1大匙
米酒 少許
水 150cc
太白粉（芶薄芡） 少許
花椒粉 少許

作法

1. 蔥切末，將蔥白及蔥綠分開，薑及蒜切末備用。
2. 板豆腐切小丁，起一鍋水汆燙去豆味後，撈起濾乾水分備用。
3. 起一油鍋，加入少許油，加入花椒粒開最小火，煸一下取花椒油後，撈起花椒不用，打出一半花椒油，另一半留鍋中。
4. 爆香蔥白、薑末及蒜末。
5. 下絞肉拌炒至變色，約7、8分熟時，加入豆瓣醬及砂糖，炒出肉末及豆瓣香氣。
6. 加入醬油、米酒、水翻炒一下後，加入豆腐丁，切勿翻動豆腐，只需輕推撥動一下豆腐即可。
7. 待稍微收汁後，加入太白粉水芶薄芡，撒上些許花椒粉，淋上剩餘一半的花椒油、撒上蔥綠末即可盛盤。

花椒油

花椒有一個重要特性，在應有的麻度外，後面還跟著一股苦味，尤其經沸水熬煮後，溶出的苦味愈加明顯；然而，若花椒是在油中萃出辣度，就不會產生明顯的苦味。當然花椒的苦味，也與品質好壞、含花椒子的量有關，苦味溶出的時間點也不同，這些就需要經驗累積來判斷了。

材料

- 紅花椒粒（或青花椒粒） 50g
- 沙拉油 200cc

作法

1. 冷鍋先下沙拉油及花椒粒。
2. 開小火慢慢升溫，升溫速度愈慢，所萃取的花椒油濃度愈高。
3. 隨著油溫升高，花椒粒會出現小油泡。
4. 待花椒粒的油泡消失後，濾出花椒，花椒油即完成。

西路椒

花朵明顯較為碩大，且整批量有一定比例的花椒花朵，有3~4朵相連。花椒香氣在新鮮時，會呈現橘子或柚子香。俗稱大紅袍花椒，產地以汶川及茂縣最具代表。

南路椒

花朵明顯偏小，色澤雖紅但更為深沉且紫，有3~4花朵的相連量不多。花椒香氣在新鮮時，會呈現柳丁香氣。俗稱漢源花椒，產地以清溪鎮或牛市坡最具代表，又號稱貢椒。

Green Zanthoxylum

酸 苦 甘 澀 辛 鹹 涼 麻

青花椒

近年來才被大量使用的香料

〔別名〕麻椒、青麻椒

〔主要產地〕四川、雲南。

〔挑選〕柑橘氣味足且濃郁為佳，花椒表面以油苞數量多為上品。金陽品種呈現正綠色，帶有萊姆香氣；江津品種呈現墨綠色，帶有檸檬香氣。

〔保存〕宜以密封罐收藏，放置冷藏可延長保存期限，並減緩香氣揮發的速度；花椒粉以密封瓶收藏即可，但須儘速使用完畢。

〔風味〕帶有清新檸檬氣息與花香，適合味道不那麼重的料理，更能顯出檸檬清香味；或與紅花椒搭配，營造出多層次的花椒香。

在以前醫藥書籍中所稱的花椒，都是指紅花椒，對於青花椒並未提及效用，早期的青花椒就是一般農家使用而已，就連川菜的運用上其實也不多。

早期的香料書籍，也有不少提到青花椒即紅花椒未成熟就採收下來乾燥的，看似正確的論點，其實藏著早期對青花椒的漠視。拜這些年新派川菜料理的興起，以及川式火鍋的推波助瀾之下，青花椒的運用範圍不再僅是存在於農家菜色裡了。

這個帶有濃濃檸檬或萊姆香氣的青花椒，香氣更加清新、穿透力更強，在香料的領域中，逐漸也佔有一席之地。

現今青花椒最常被提及的是—金陽與九葉青兩大品種；藤椒雖也算青花椒的一種，但通常會另外論述。金陽與九葉青青花椒，在外觀上色澤不同，香氣也不同，金陽青花椒色澤較淡，香氣似萊姆味，而九葉青青花椒，色澤較深，香氣似檸檬味。

與紅花椒相比，青花椒的香味更清香，柑橘類味道也可以保存較久，主要是檸檬香氣較易保存，穿透力也較強。

花椒茶一直都是產地平時常見的茶飲之一，但沖成茶飲或是製作料理，在處理時若沒有掌握好時間或溫度，花椒麻香味出來後，所帶出的苦澀味也會比紅花椒來得明顯。而日本的山椒也是花椒的一種，只是產地不同，所呈現香氣也略有不同。

金陽青花椒。

九葉青青花椒。

椒汁白肉

材料

五花肉片 300g
綠色青辣椒 5支
泡椒 10支
綠豆芽或黃豆芽 200g
蒜頭 5粒
蔥 2支
香菜 少許
保鮮青花椒 1把約20g
高湯 600cc

調味料

A

沙拉油 少許
青花椒粒 5g（取花椒油）
香油 少許

B

鹽 適量
胡椒粉 適量
雞粉（或味精、白砂糖） 適量

作法

1. 五花肉冷凍後切片，或用現成切片五花肉（需有油脂）。
2. 青辣椒切辣椒圈，泡椒切末備用。
3. 蒜頭拍碎切末，蔥切末，香菜切兩公分段備用。
4. 起一油鍋（沙拉油）先萃取花椒油，青花椒粒撈起不用，花椒油備用。
5. 起一鍋水汆燙豆芽菜，黃豆芽需燙久一點（除豆青味）；撈起豆芽瀝乾，放入深盤中。
6. 同一鍋水汆燙五花肉，撈起擺入豆芽菜上。
7. 起一鍋油，爆香蒜末、青辣椒圈及泡椒，加入高湯煮滾，放入新鮮青花椒稍稍煮一下就好。
8. 放入所有調味料**B**煮均勻，淋上五花肉，撒上蔥花。
9. 另起一鍋，加入香油、青花椒油熱一下，淋在蔥花上，再加上香菜段即可。

《 美味小秘訣 》

青花椒為什麼不能久煮？

因為花椒久煮後，除了花椒的香與麻會釋放出來，也會將花椒的苦與澀味一併帶出來。

酸
苦
甘
澀
辛
鹹
涼
麻

保鮮青花椒

中式香料難得一見的新鮮貨

〔別名〕青麻椒、新鮮青花椒

〔**主要產地**〕四川、雲南。

〔**挑選**〕色澤翠綠，檸檬香味足。

〔**保存**〕保鮮青花椒必須冷凍保存，若以冷藏保存，時間稍久，會使花椒呈現褐變。

〔**應用**〕可直接沖茶飲，或者作為火鍋料理裝飾。

不管是紅花椒或是青花椒，在採收後都會盡快曝曬乾燥，要不然花椒容易反黑，嚴重的影響品質及香氣。

近幾年青花椒變得有點不一樣了，不再只是農家菜的一環，也不再是採收後一律快速乾燥，衍伸出來的反倒是，採收後清洗乾淨，然後經快速冷凍保存，維持住青花椒原有的香氣與色澤，在使用層面上更加寬廣了。

而這款新鮮冷凍保存的青花椒，一般都稱為保鮮青花椒，以九葉青為主，市面上似乎尚找不到將金陽青花椒作為保鮮青花椒。主要是因為九葉青青花椒的栽種海拔較低，栽種面積也大，產量更多，香氣更重，所以更適合冷凍保存使用。

但反觀紅花椒則因為冷凍保存後，無法維持住既有的色澤與香氣，所以現階段現階段尚無法看到紅花椒相關新鮮商品上市。

一小串的保鮮青花椒，泡成茶飲，或放在火鍋上裝飾點綴，是這些年常被運用的方式，新派川菜上也常見到將新鮮的青花椒端上桌。

青花椒菊花茶

材料

保鮮青花椒 10g
菊花 5g
熱水 1000cc

作法

青花椒、菊花放進1000cc熱開水，燜泡五分鐘即可。

酸 **苦** 甘 **澀** 辛 **鹹** 涼 **麻**

藤椒

逐漸被重視的花椒種類

〔**別名**〕油椒

〔**主要產地**〕四川、甘肅。

〔**挑選**〕油苞顆粒大，色澤翠綠香氣足。

〔**保存**〕密封冷藏或冷凍保存。

〔**應用**〕近幾年，對岸創新的川菜也漸漸用起藤椒油，由於藤椒油比起青花椒油所帶的檸檬香氣更濃郁，只要在一出鍋時淋上一些，檸檬味頓時會與麻辣鍋的濃郁香氣融為一體，呈現更豐富的層次。其次，由藤椒油所衍伸出的料理，也漸漸自成一個體系。

這藤椒似乎在市面上尚找不到乾燥品，就連在成都最大的乾貨香料市場也一樣，目前只是製作成藤椒油專屬。

藤椒也算是青花椒的一種，但藤椒表面的油苞更明顯，結果量大，含油量更多，香氣明顯，所以更加的適合榨油，成都著名的藤椒缽缽雞或是涼拌菜色中，藤椒油更是不可或缺的重要元素。

在這些年有業者致力的推廣下，藤椒也不再只是專用來榨油而已，四川的火鍋及川菜上，藤椒元素也漸漸被重視。但也因為藤椒與青花椒不管是在外觀或香氣都極為相似，所以在使用上仍常會誤用或混淆。

不過反過來說，藤椒油也可以當作青花椒油的代用品，只是味道就更加的強烈了。

藤椒缽缽雞

材料

A
- 去骨雞腿肉 2支
- 薑片 少許
- 蔥 2支
- 米酒 少許
- 鹽 適量

B
- 綠花椰菜 1朵
- 筍片 適量
- 馬鈴薯 1個
- 雞胗 6個
- 藕片 適量
- 長竹籤 若干

C
- 藤椒油 50cc
- 青辣椒 2支
- 紅辣椒 2支
- 蔥 1支
- 香菜 少許
- 雞粉 適量
- 香油 適量

作法

1. 將材料**B**洗淨分切，以長竹籤穿起備用。
2. 起一鍋水，放入材料**A**，將雞肉燙煮熟後撈起放涼。
3. 再將步驟**1**食材依序放入燙煮雞的水燙熟後，撈起放涼；雞高湯也放涼備用。
4. 將冷卻後的雞腿肉分切小塊後，以竹籤串起。
5. 將材料**C**的紅綠辣椒切成辣椒圈，蔥及香菜切碎。
6. 取一個缽，打出放涼後的雞高湯一公升，並加入所有材料**C**。
7. 加入所有竹籤串起的食材，浸泡即成。

藤椒大醬火鍋湯底

材料

A

泡薑 50g
泡青辣椒 200g
泡紅辣椒 200g
泡豇豆 50g
鹹菜 100g
新鮮青辣椒 100g
蒜末 100g
薑末 50g

B

雞油 50g
沙拉油 220cc
豬油 50g

C

米酒 50cc
白砂糖 50g
胡椒粉 5g
藤椒油 40g

作法

1—將泡薑、泡青辣椒、泡紅辣椒、泡豇豆、鹹菜切末。
2—新鮮青辣椒切成辣椒圈。
3—起油鍋，放入材料**B**，炒香蒜末、薑末及辣椒圈。
4—炒出香味後，放入步驟**1**材料續炒。
5—炒至醬香味出來後，再加入糖、米酒及胡椒粉。
6—最後熄火後加入藤椒油拌勻，熟成一天後即可使用。

對煮成火鍋

取120g的藤椒醬對上一公升高湯煮沸，再以鹽及些許雞粉調味即可。

- 所謂的「泡」，即是「泡」菜的意思，透過香料鹽水或糖水浸醃主材料，經過時間泡製熟成，最好在20天以上。

酸

苦

甘

澀

辛

鹹

涼

麻

早期南路椒

不願降價求售的次級品

〔別名〕麻椒、青麻椒

先前造訪成都五塊石乾貨市場所發現，當時未攜帶專業相機，只以隨身手機拍下，畫質不佳，因暫時無法前往產地拍攝，暫無畫面呈現。

〔主要產地〕四川。

〔挑選〕其實是因為青花椒過於成熟，業者又不想降價出售，所以包裝成新品種來混淆視聽，有青帶紫色及青帶黃色兩種。

〔保存〕密封冷藏或冷凍保存。

〔風味〕使用方式同青花椒，但香氣稍薄弱。

這一兩年，在成都最大的乾貨市場上，出現了一種有別於青花椒與紅花椒，色澤呈現綠中帶紫色的花椒—「早期南路椒」。

由於花椒在這些年的需求大增，連帶著產區不斷擴大，產量不斷的上升，而花椒的採收期又有一定天數，尤其以青花椒更是明顯，加上青花椒栽種海拔較低，更容易大面積栽種，在不出現天災的狀況下，產量大出，就容易採收不及，而形成青花椒過於成熟的狀況出現。

大家都知道，紅花椒成熟後就是紅熟了，並不會再轉成其他顏色。而青花椒採收時也趨近於成熟，因為過於成熟，反倒會讓青花椒的香氣減弱，所以一般都沒見過真正青花椒成熟的樣子。

但這些年九葉青青花椒栽種面積大增，偶會出現盛產卻來不及採收，而使青花椒過於成熟的狀況，在我們的認知中，不管是蔬菜或水果，只要是過於成熟，應該就屬於次品，理應降價求售才對。

不過這市場行銷厲害了，反其道而行，南路椒原本就是紅花椒品種，為了要穩住價格，這種綠帶紫色的花椒（即過於成熟的青花椒）就被包裝成新品種，賦予了新名字，「早期南路椒」於是出現在市場中。所以下次見到這成熟的青花椒，千萬別以為發現新大陸，當成是早期南路椒。

若是金陽青花椒過於成熟，色澤會呈綠帶黃或橘色；若為九葉青青花椒過於成熟，色澤為綠帶紫色。

1-4 豆蔻家族

說起豆蔻，雖然種類眾多，但卻只是薑科植物所衍伸出眾多香料的一小部分而已，然而所有的豆蔻也非全然是薑科植物種子，還是有例外，比如喬木的肉豆蔻，及其衍伸出的三種香料，就非薑科家族的一環。

最挺咖哩的豆蔻家族！

說到豆蔻，第一印象大概就是咖哩香料了，但事實也是如此，印度是香料重要的產區之一，在印度不管入藥或是入菜，都與這些香料息息相關，豆蔻類香料與茴香類香料，都是印度咖哩中不可或缺的重要元素，而印度香料也因為咖哩，在香料分類中自成一體系。

在咖哩世界中，並無所謂的正確香料配方，大家對於香氣均有自己本身的愛好，所以也不會像是我們熟知複方香料中的十三香，有著固定的香料品項與配比。

咖哩香料的配比中，看似毫無章法，卻有脈絡可循，只要掌握幾個基本香料，再搭上自己想要的香氣層次，你也能創造出自己的咖哩配方，就如同在印度一般，家家戶戶都有屬於自家的獨門秘方！

香果
黑豆蔻
肉豆蔻
綠豆蔻
紅豆蔻
白豆蔻
草豆蔻

CARDAMOM

酸 苦 甘 澀 辛 鹹 涼 麻

白豆蔻

白中透紫為新鮮貨

〔別名〕白蔻仁、白蔻、蔻仁、紫扣、白扣

〔主要產地〕東南亞。

〔挑選〕以顆粒飽滿、無霉味為佳，味道清香，乾淨度高，且顏色亮白無暗沉色澤。

〔保存〕以密封罐收藏，放置陰涼處即可。

〔風味〕香氣甜辣清爽、帶微涼，常用於各式麻辣豆瓣醬或滷包中，用來輔助調香，不過香氣飄散快、不易持久，多作為前味的隱味。

白豆蔻在藥舖體系中，大概與草果及肉豆蔻一樣的常見，也同時被大量使用著。

透著涼感的香氣，同時也賦予著芳香、健胃整腸的保健功效，不管是藥用或作為香料使用，均很常見，從一般常用的滷水，再到兩岸都熟悉、數百年熱度不減的十三香，或是川式滷味、各式鍋品香料缺一不可，使用率極高。

就中式香料而言，白豆蔻、肉豆蔻及草果，這三種算是使用率非常高的香料，也常同時出現在同一組香料的組合中。而這一系列的豆蔻家族，就屬白豆蔻最嬌嫩，常會因保存的方式不當，導致香氣快速揮發掉或是受潮。

有時在網路流傳的十三香配方中，會看到一種香料—紫蔻。大多數人都不清楚，這紫蔻其實就是指白豆蔻，那麼，為什麼色白的白豆蔻會被稱為紫蔻呢？原來，有部分產地的白豆蔻，在新鮮度極佳的時期，外表會呈現一層淡淡的粉紫色，往後若是又看到這種寫法，你就明白，紫蔻到底是什麼香料了！

有部分產地的白豆蔻，在新鮮度極佳的時期，外表會呈現一層淡淡的粉紫色，隨著時間越久顏色會變白。

白豆蔻小吐司

放置一晚的豆蔻麵團，增強了發酵酒香，烤出的吐司融合著豆蔻香氣，十分合拍。

材料

A
- 酵母 7g
- 白砂糖 100g
- 溫水 260cc

B
- 白豆蔻粉 30g
- 高筋麵粉 500g
- 鹽 5g
- 全蛋 50g
- 奶粉 20g
- 軟化奶油 50g

作法

1. 將酵母、糖、溫水先泡著，靜置10分鐘。
2. 除了奶油之外，將材料**B**都放入攪拌機。
3. 將麵團攪打至能拉開薄膜，再加入軟化奶油拌勻，充分融入麵團即可。
4. 取出麵團放入鋼盆，封上保鮮膜，室溫放置一晚。
5. 取出白豆蔻麵團整型，放入吐司模當中。
6. 以上火220度、下火200度烤30分鐘後取出即可。

酸
苦
甘
澀
辛
鹹
涼
麻

草豆蔻

帶有青草味的豆蔻

〔別名〕草蔻、草蔻仁、草果、老蔻

〔主要產地〕海南、廣東、廣西。

〔挑選〕色澤偏淺墨綠，不呈現褐色，味道濃郁。

〔保存〕陰涼處保存且避免受潮，密封尤佳。

〔風味〕沒有明顯突出的香氣，運用其苦澀味，入菜有增香抑腥的作用，適合較有腥味的動物類食材滷水。

以前的醫藥典籍常會將草豆蔻與草果當作同一種，這個又稱老蔻的香料，其實與草果的香氣截然不同，也沒有草果打碎後那種明顯且霸道的香氣，反倒有股淡淡的青草味，這味道是否人人都喜歡，我想是見仁見智的看法。

在豆蔻家族中，撇開所謂的健胃整腸功效外，某些具有香氣可增香、抑腥味，但有些種類並沒有明顯突出的香氣，反倒是運用其相較下明顯的苦澀味，來達到抑腥增香的效果，草豆蔻就是其中一種。平時在牛、豬、羊這類有較重腥味的滷水中，就常見以草豆蔻來搭配其他香氣明顯的香料一起使用。

不過草豆蔻在功能使用上，因為有取代性，也就暗示著，會依不同地方的使用者而因地制宜。舉例來說，在台灣，將草豆蔻入滷水配方的比例較低，這是因為我們的食材腥味較少，所以不需特別加入去腥效果強的香料，反而著重在增加香氣的區塊。

反觀對岸所流傳的香料配方，若是用於動物性滷水的香料，草豆蔻出現的比例就相對高，即表示當地動物性食材的腥味較重。由此可見，從去腥香料的挑選與使用，常會顯示出當地食材的味道變化，這點除了關乎食材的保存習慣，更與畜養方式有著重要的關聯性。

在香料世界中，我們常常會去尋找大家口中所說的秘方！然而這些祕方中，其實也隱約透露著當地的飲食文化與習慣。適合我的，不見得就適合你，反倒是因應食材本身的特性與當地的飲食文化，搭配出適合的香料配比，會更加重要。

酸
苦
甘
澀
辛
鹹
涼
麻

紅豆蔻

常被香砂仁給冒名頂替

〔別名〕良薑子、紅蔻

〔主要產地〕中國東南方、東南亞。
〔挑選〕色澤紅亮，香辣氣味足。
〔保存〕密封常溫保存。
〔風味〕味道較其他豆蔻來得更辛辣一些，常與花椒一起使用，有去味增香的作用。

在大家對於台灣的中式香料尚不太了解時，常常就有朋友將香砂仁（也就是月桃葉種子）當成紅豆蔻使用，或將紅豆蔻當作是香砂仁。

紅豆蔻其實是高良薑的種子，巧合的是，高良薑本身就是紅色的，而良薑子也湊巧為紅色的！

一種植物中，同時出現兩種香料，或是更多，其實在香料中並不少見，最為著名的是肉桂，一棵樹可以分成七種香料或藥材。

而良薑子也就是紅豆蔻，味道濃郁，常常會與花椒一同使用，達到去異味增香的作用，但因為使用習慣不同，再加上紅豆蔻在台灣並不常見，其他可賦予辛辣的香料種類也不少，所以紅豆蔻在台灣的使用並不普遍。

香砂仁：月桃葉成熟的種子乾燥而成，新鮮程度愈高，清香與清涼的氣息愈明顯，外觀其實與紅豆蔻有著明顯的差異性，而葉子則是南部客家媽媽端午節包肉粽不可或缺的粽葉。
紅豆蔻：小高良薑成熟乾燥的種子，帶有一股明顯薑的氣味，口感也辛辣有感，且無香砂仁清新的香氣。

酸

苦

甘

澀

辛

鹹

涼

麻

黑豆蔻

很像母丁香的一種香料

〔別名〕棕豆蔻

〔**主要產地**〕印度為主要產地。

〔**挑選**〕從外觀較難辨識品質，打碎後帶一股辛涼香氣明顯為佳。

〔**保存**〕密封常溫保存。

黑豆蔻，也稱之為棕豆蔻。長得像營養不良的草果，像是放大版的砂仁，也像是母丁香。在印度香料中算是常見的香料，在歐洲料理中也不缺席，唯獨在中式香料上，不見其蹤跡，是道道地地的印度香料。

使用上常會與綠豆蔻相提並論，雖然香氣也有點相似，但苦澀味與涼感卻更加的明顯，使用上還是以印度料理為大宗。

黑豆蔻烤魚佐番茄莎莎

自製黑豆蔻香料

黑豆蔻 2g
黑胡椒 5g
陳皮 1g
孜然 2g
三奈 3g
肉桂 2g
匈牙利紅椒粉 5g
海鹽 8g
昆布粉 3g

一起研磨成小粗粉

番茄莎莎材料

橄欖油 少許
牛番茄丁 2顆
洋蔥碎 1／4顆
蒜碎 10g
砂糖 10g
黑豆蔻（壓碎） 2顆
墨西哥醃漬辣椒末 10g
檸檬汁 30cc
香菜末 5g
海鹽 適量

烤魚材料

海鱸魚菲力清肉 300g
自製黑豆蔻香料 10g

作法

1. 製作番茄莎莎，鍋內加入少許橄欖油，放入番茄丁、洋蔥碎、蒜碎炒至出水，加入黑豆蔻、砂糖一起小火煮5分鐘。
2. 關火後，加入剩餘材料拌合，靜置備用。
3. 海鱸魚清肉塗抹上黑豆蔻香料，放置10分鐘入味，再以180度烤15分鐘後，取出靜置5分鐘。
4. 盤底放入番茄莎莎，再放上烤魚，並淋上適量橄欖油即可。

《美味小秘訣》

黑豆蔻香料粉運用廣泛，用來燒烤雞肉、水果也很適合。

TRUE CARDAMOM

酸 苦 甘 澀 辛 鹹 涼 麻

綠豆蔻

顏色有白綠兩種

〔別名〕小豆蔻、印度豆蔻

〔**主要產地**〕印度、中美洲為主要產地。

〔**挑選**〕味道清香，色澤偏蘋果綠，不呈現褐綠色。

〔**保存**〕密封常溫保存。

〔**應用**〕最善用綠豆蔻的國家應該就是印度了，從藥用、茶飲、咖哩到甜點，皆有多元的用途。

在西式香料中，常常會將番紅花、香草莢及綠豆蔻並列為三大名貴香料！

因為產量少，價格也就高居不下，在印度咖哩、歐洲烘焙，甚至中東沖煮咖啡都會使用到，但中式料理少用，偶爾在對岸大型乾貨市場中會見到，在台灣大概就只會在印度香料店才能見到其蹤跡。

綠豆蔻又名小豆蔻，有一種與綠豆蔻相似的香料，也稱為小豆蔻，但卻是白色的小豆蔻，氣味相對較淡。一般會誤認白色小豆蔻，是綠色小豆蔻放久之後所形成褪色的效果，但其實是另外一種型態相近的小豆蔻。

而要分辨小豆蔻新鮮程度，可以從小豆蔻裡的種籽黏性來辨別，黏性大相對比較新鮮。

綠豆蔻薑黃雞腿飯

材料

- 橄欖油　50cc
- 綠豆蔻（碾壓）　8顆
- 雞腿肉丁　100g
- 白米（沖水後瀝乾）　200g
- 藜麥　10g
- 開水　250cc
- 薑黃粉　2g
- 檸檬葉　3片

作法

1. 鍋內放入橄欖油，加入綠豆蔻、雞腿肉丁炒上色。
2. 加入白米與藜麥拌炒，加入開水、薑黃粉、檸檬葉一起煮開。
3. 蓋上鍋蓋，轉小火煮12分鐘後關火，續燜10分鐘後開蓋即可。

美味小秘訣

也可以將所有材料一併放入電鍋內鍋中，外鍋加200cc水，以電鍋完成，但雞肉香氣會比較清淡。

小豆蔻奶茶

材料

- 牛奶 300cc
- 甜紅茶 300cc
- 冷奶泡 適量

香料

- 小豆蔻 4顆
- 綠胡椒 10顆
- 丁香 2顆
- 肉桂棒 3g

作法

1. 所有香料壓碎備用。
2. 將牛奶與所有香料煮開，轉小火煮10分鐘，過濾出香料牛奶，冷卻備用。
3. 杯裡放入冰塊，先加入甜紅茶，再倒入香料牛奶，最後上層加入冷奶泡後，撒上一點小豆蔻粉裝飾即可。

酸
苦
甘
澀
辛
鹹
涼
麻

香果

肉豆蔻、香果傻傻分不清

〔別名〕玉果

長香果
圓香果

〔主要產地〕東南亞、加勒比海。

〔挑選〕有長、圓兩種，打碎後帶一股辛涼香氣為佳，且外殼內部無霉斑。

〔保存〕陰涼處保存且避免受潮，密封尤佳。

〔應用〕使用時將香果連殼打破，一起使用；但若只取出裡面即是肉豆蔻，用法與肉豆蔻相同。此外，長香果跟圓香果只是品種差異而已，在使用面上是一樣的。

在中式香料使用上，香果與肉豆蔻，常常當成兩種香料來看待，在對岸的香料批發市場上，也常見到兩種香料一起陳列販售；因為如此，大多數人都誤以為這兩種香料是不同植物的果實種子，而非同一種。

肉豆蔻與香果是兩種不同的香料嗎？

這問題一直困擾著不少人，因為外觀形體真的差異很大，但嚴格說起來，這兩種是同一種香料！因為將香果的堅硬外殼打破，裡面就是我們常見到且熟悉的肉豆蔻了。所以，這到底是一種香料，還是兩種香料，一直以來都有爭議。

但就我而言，一直都當成是一種香料看待，因為在中式香料使用上，並無多大的差異性，且使用上又跟草果很相似，要有香氣就需打破使用，要不然無法呈現香氣，所以說帶殼的香果，一但打破使用，與肉豆蔻又有什麼不同？

將香果的堅硬外殼打破，裡面就是熟悉的肉豆蔻了。

香果芋泥肉鬆球

材料

A——芋頭 1顆（約500g）
澄粉 適量

B——美乃滋 50g
肉鬆 50g

調味料——二號砂糖 80g
豬油 50g
海鹽 適量
白胡椒 適量
香果粉 30g
（將香果敲除外殼，取果實磨成粉狀即為香果粉。）

作法

1——材料**B**混合成內餡備用。

2——將芋頭切片後完全蒸熟，趁熱過篩，與所有調味料拌合，充分搓揉均勻，如果太濕潤，可以適量添加澄粉來調整黏性。

3——將芋泥分成30g的小團，包入適量肉鬆餡，放入150度油鍋炸至金黃酥脆後取出，稍微放置冷卻後再食用。

1-5 肉桂家族

包含中國、越南、斯里蘭卡及錫蘭產的，都稱之為肉桂或桂皮，但錫蘭與斯里蘭卡肉桂，通常不出現在中式香料，因為味道較淡，香氣也不夠濃郁，比較偏向印度香料或西式香料看待；除此之外，肉桂在中式香料的領域中，有著更多元與寬廣的應用。

肉桂大概是所有香料中，全身上下最物盡其用的一棵植物樹種了，可以區分為七個部位：從埋在泥土裡的樹根，到樹頂末梢的葉子，通通被利用到，就連扒光樹皮後的樹心，也可以當成藥材來使用。

分別是桂根，樹幹的皮為桂皮，樹枝為桂枝，葉柄為桂智，樹葉為桂葉，開花所結的果實為桂子，樹幹內部稱為桂心。肉桂的香氣取決於肉桂醇的含量，含量越高、香氣與辣度越高，味道由重到輕分別為：桂皮、桂子、桂智、桂枝、桂葉。

同一株植物中能產出多種不同香料的植物，在樟科植物或是其他植物中，都很難再找到這麼多樣化的香料植物了。

香葉
肉桂
肉桂葉
陰香葉
桂枝
桂智
桂子

酸 苦 **甘** 澀 **辛** 鹹 涼 麻

桂枝

常與肉桂搭檔演出

〔別名〕柳桂

〔**主要產地**〕越南、廣西。

〔**挑選**〕香氣足、味甜、無霉味。

〔**保存**〕肉桂及其相關香料，如：桂子、桂枝、桂心…，皆以常溫保存即可；若是研磨成粉則建議以密封瓶保存。

〔**風味**〕樟科植物肉桂的樹枝。若不想肉桂味太濃，可以桂枝來代替，常用於綜合滷包，尤其適合滷牛肉特別香。

桂枝在藥舖的重要性與常見性，與肉桂似乎有點不同，肉桂在現今多用來入香料或藥膳滋補，而桂枝作為香料使用外，更常出現在一般感冒解表發汗藥劑中，桂枝在感冒藥出現的比例與重要性，就等同於家裡的阿嬤在小孫子淋雨後，所煮的那碗老薑湯一般常見。

桂枝輕浮的香氣，香辣甜味均不及肉桂深沉，除非是不喜歡肉桂過於濃郁的味道，要不然在香料的使用上，還是會以肉桂為主，桂枝為輔，但更常的狀況是，與肉桂搭配同台演出。

儘管桂枝和肉桂的香氣及味道相近，不過桂枝仍無法完全取代肉桂，在大部分料理及一些香料配方中，還是非得用到香氣濃郁的肉桂不可。

花雕醉蝦

材料

白蝦	1斤
花雕酒	200cc
鹽	適量
水	800cc

香料

桂枝	5g
枸杞	5g
紅棗	3粒
川芎	3g
當歸	1小片

作法

1. 白蝦洗淨，剪掉觸鬚。
2. 起一鍋水將白蝦燙至8分熟，撈起冰鎮放涼。
3. 另起一鍋水800cc，放入藥材煮滾後續煮5分鐘，熄火放涼。
4. 將200cc的花雕酒加入冷卻後的藥材香料水中，加適量鹽調味。
5. 將冰鎮後的白蝦放入調味後的醬汁。
6. 蓋上保鮮膜，放入冰箱冷藏一天即可。

桂香茶葉蛋

一般在咖啡店聽到肉桂香，都會想到卡布奇諾，而這種肉桂指的是錫蘭肉桂，細長的肉桂捲棒(cinnamon)與東方肉桂不相同。

材料

- 雞蛋 10顆
- 醬油 70cc
- 鹽 適量
- 冰糖 適量
- 水 1.2公升

香料

- 桂枝 6g
- 紅茶葉 10g
- 甘草 3g
- 八角 2粒
- 小茴香 5g
- 草果 1粒
- 丁香 1g
- 花椒 2g

作法

1. 將所有香料及茶葉裝入棉布袋中。
2. 起一鍋水，冷水時即放入雞蛋，煮熟。
3. 撈起雞蛋，用湯匙將雞蛋外殼均勻敲裂。
4. 另起一鍋水，放入香料包、醬油、適量鹽、冰糖及雞蛋，蓋上鍋蓋。
5. 開火煮滾後，轉小火續煮20分鐘後熄火。
6. 移至電鍋切至保溫，放置約2～3天更入味即可。

《 美味小秘訣 》

- 冷水煮雞蛋，比較不會因為溫度落差過大，造成雞蛋破裂。
- 在煮雞蛋的同時，邊攪拌可以讓蛋黃維持在雞蛋中心。
- 雞蛋外殼均勻敲裂，可更容易入味。
- 若無電鍋，亦可採反覆加熱方式，讓雞蛋入味。
- 燜泡愈久，茶葉蛋愈入味。
- 若要讓茶葉蛋更上色，又不會因此增加鹹度，可以適量加入熟地黃來達到上色效果。

酸
苦
甘
澀
辛
鹹
涼
麻

桂智

常與肉桂搭配，帶出上下層次感

〔別名〕桂丁、桂丁香

〔主要產地〕越南、廣西。

〔挑選〕香氣足、味甜、無霉味。

〔保存〕肉桂及其相關香料，如：桂子、桂枝、桂心⋯，皆以常溫保存即可；若是研磨成粉則建議以密封瓶保存。

相較於肉桂與桂枝這兩種大量被運用的香料，桂智顯得孤獨多了，一般常見的用法，大多是營造肉桂體系香氣的層次感，因為在常見的滷水中，香料種類的搭配，講求的是香氣層次，大致可分為主要香料、次要香料以及輔助香料，也有人用中醫的君、臣、佐、使，來代表不同香料的重要性，但這些不同搭配原則，最終都是在凸顯香料搭配後所呈現香氣的層次感。

而桂智這類香料，通常無法成為主要香料，而是以次要或輔助的角色居多，因為氣味較淡，也較輕浮，常與肉桂搭配，形成上層與下層的層次感，有互補作用。

桂智味噌清燉牛肉

香料

- 桂智　3g
- 白胡椒粒　5g
- 月桂葉　3片

材料

- 牛肋條　500g
- 白味噌　50g
- 包心白菜　半顆
- 老薑片　3片
- 鹽　適量
- 水　1600cc

作法

1. 白味噌先用些許冷開水調開。
2. 牛肋條洗淨汆燙，切成一口大小備用。
3. 白菜洗淨後切大塊備用。
4. 白胡椒粒先用刀背拍破，所有香料裝入棉布袋中。
5. 起一鍋放入牛肋條、香料包、白味噌及老薑，開火煮滾後，轉小火先煮35分鐘。
6. 再加入包心白菜續燉煮15分鐘後熄火，調入適量鹽巴即可。

美味小秘訣

- 白味噌先用冷開水調開，入鍋容易釋放出味道。
- 白胡椒粒拍破燉煮，取其香不取其辣。

桂智布蕾

材料

牛奶 240cc
桂智 12顆（壓碎）
砂糖 40g
全蛋 2顆
蛋黃 3顆
鮮奶油 180cc

肉桂焦糖

砂糖 80g
開水 150cc
肉桂粉 少許
檸檬汁 少許

作法

1 將砂糖放入乾鍋加熱融化，直至出現淡黃色後關火，加入肉桂粉、開水與檸檬汁攪拌至成為焦糖液。

2 取出焦糖液倒入鐵製布丁模當中。

3 利用同一個鍋子加熱牛奶，加入桂智、砂糖，以小火熬煮十分鐘後關火。

4 取一鋼盆放入所有雞蛋，再將步驟3的牛奶一邊倒入一邊打散，接續加入鮮奶油拌合後過篩入量杯。

5 取煮好的桂智牛奶倒入步驟2的布丁模當中。

5 將布丁放置深鐵盤內，外圍加熱水，放入140度烤箱烤50分鐘後取出冷卻。

6 待布丁完全冷卻後，以小刀刮切布丁邊緣，再倒出布丁即可。

酸
苦
甘
澀
辛
鹹
涼
麻

桂子

味道沈穩，屬於下層香氣

〔別名〕肉桂子、玉桂子

〔**主要產地**〕越南、廣西。

〔**挑選**〕香氣足、味甜、無霉味。

〔**保存**〕肉桂及其相關香料，如：桂子、桂枝、桂心…，皆以常溫保存即可；若是研磨成粉則建議以密封瓶保存。

〔**應用**〕常與肉桂或桂枝一起搭配，補足不同層次的香氣。

香氣不強烈，但味道沉穩，辛辣甜香中，略帶一點苦與澀。

與桂智一樣，鮮少單獨使用，不同於桂智的清爽，桂子的味道沉穩，屬於下層的香氣，尤其略帶一點肉桂家族所沒有的淡淡苦澀味，讓一些複方香料中，需要多層次的表現時，有了另外的選擇。

雖然較少看到單獨使用或成為主角，但在知名的複方香料，如百草粉或川式滷水，這類深沉卻複雜香氣的香料中卻不少見，多半是以次要或輔助香料的角色出現。

小時候最解饞的零食　〔**別名**〕 桂樹根

桂根

〔**產地**〕 越南、廣西。

〔**挑選**〕 甜味足，無砂粒灰塵為佳。

〔**保存**〕 肉桂及其相關香料皆以常溫保存；若研磨成粉則以密封瓶保存。

酸　苦　**甘**　澀　**辛**　鹹　涼　麻

對於肉桂，說起來還真是好笑，老三感受最深刻的，不是桂皮也不是桂枝，竟然是桂樹根，你知道嗎？對以前的小朋友而言，桂樹根可重要的很～但奇怪的是，這肉桂根是肉桂的一環，卻在自家藥舖找不到，還得花錢上柑ㄚ店去，也只有小時候的柑ㄚ店才有肉桂根，在物質生活不富裕的年代，偶有些許的零花錢肯定要貢獻給最敬愛的柑ㄚ店。

小時候，肉桂根不當香料使用，也沒人當香料看待，只會出現在柑ㄚ店充當零食，不單單是這肉桂根，也還有肉桂紙，放進嘴裡咀嚼，香香甜甜也辣辣的感覺，就當作是在嚼口香糖。那時課本上老愛說，對岸窮到都啃樹皮嚼樹根了，讀著國語課本，卻發現當時愛吃的肉桂零食，不也是另一種很貼切的嚼樹皮啃樹根。

酸 苦 甘 澀 辛 鹹 涼 麻

肉桂葉

較肉桂更清香，甜味大於辣味

〔別名〕玉桂葉、桂葉

〔主要產地〕越南、廣西、台灣。

〔挑選〕葉片完整，顏色片綠不帶褐色，味道清香，且肉桂甜味明顯。

〔保存〕不管是進口的的香葉或是本產的肉桂葉，均以常溫保存即可，但香氣會隨著時間的延長而流失；若是肉桂葉粉則建議以密封瓶保存。

〔風味〕台灣土肉桂的肉桂醇含量高，且甜味明顯，比進口肉桂葉更適合使用在料理上。

多半說到桂葉，多數人聯想到的，應該是與肉桂葉同為樟樹科的月桂葉，而不是肉桂葉，然而兩者香氣截然不同。桂葉帶有與肉桂一樣的甜辣感，但更加清香，甜味也大過於辣味。

在使用上，除了一般常見滷水香料外，也會用它來取代月桂葉，除了香氣外，更多了一份甜香味道，研磨成粉末加入烘焙甜點，也是不錯的選擇。市面上較少出現肉桂葉，反而在食品加工業，或是直接萃取成精油、化妝品、釀酒…等，更常被使用到，當然也可入藥。

市面上能買到的進口肉桂葉，大部分是產自越南、錫蘭或大陸地區，比較特殊之處，這三個地方的肉桂葉，雖然也帶有肉桂應有的香辣及甜味，但這些地區的肉桂樹內，「肉桂醛」的分佈比較集中於樹皮，相對的，葉子裡的「肉桂醛」分佈較少，所以雖有香、辣、甜的口感，不過也淡了許多，也比較不刺激。

至於苦味問題，月桂葉用於料理時不宜多用、久用，否則會有苦味產生，而肉桂葉相對就比較沒有這問題。

肉桂醛

肉桂的香、辣、甜口感，取決於肉桂醛的含量，含量愈高，則香辣感愈高，一般肉桂樹全株植物都含有肉桂醛，只是分佈不一，常見的肉桂樹種，肉桂醛的含量以樹皮最高，其次為樹枝、葉子及根等，但並不是所有肉桂樹中的肉桂醛都是依此分佈的，也有一些特有種肉桂醛的含量是葉子的部分最高，或是樹根的含量最高，依品種不同而不同。

肉桂暖身茶

材料

土肉桂葉 20g
不織布茶葉袋 10只

作法

1. 將土肉桂葉以調理機打碎，平均分裝在不織布茶葉袋中。
2. 放入密封罐或密封袋保存。
3. 飲用時，將一包茶葉袋沖泡500cc熱開水即可。可反覆沖泡數次。

台灣土肉桂葉

台灣特有種的土肉桂，不同於越南及大陸的肉桂樹，需用樹皮才可做成肉桂粉，台灣的土肉桂葉，只要葉子就可做成肉桂粉了。

一般食用的肉桂都取於桂樹的樹皮，但因市場需求量大，每每桂樹一層層剝下皮後，就得一批批的砍伐，然後再重新大量栽種，反觀台灣特有的肉桂樹，葉子就可直接萃取「肉桂醛」，做為香料使用，這對環境而言相對衝擊較小，也較環保，而肉桂是可樂的重要香料之一，台灣土肉桂葉的肉桂醛含量最高，是新一代值得推廣的經濟作物！

PLUS!

香葉家族

一般而言，會香的葉子且用在料理上的都可稱為香葉。香葉的頻種眾多，但因區域的關係，不管中式或西式料理，在台灣我們大致用這三種，分別是月桂葉、肉桂葉、陰香葉，都可成為香葉，也同屬樟樹科植物。

若再細分，則會發現植物的品種並不相同，香氣也不一樣。這三種葉子看似相似，但從葉脈、香氣就可分辨其真假。

酸

苦

甘

澀

辛

鹹

涼

麻

香葉

是月桂葉而不是肉桂葉

〔別名〕月桂葉、桂葉、香桂葉

〔**主要產地**〕地中海、中國南方

〔**挑選**〕葉片完整，顏色片綠不帶褐色，味道清香。

〔**應用**〕燉肉、海鮮、煮湯、甜點……，整葉入菜或磨成粉都有。

〔**保存**〕不管是進口的的香葉或是本產的肉桂葉，均以常溫保存即可，但香氣會隨著時間的延長而流失；若是肉桂葉粉則建議以密封瓶保存。

〔**風味**〕香味柔和，清新芳香，整葉入菜或磨粉使用皆可，常用於咖哩、義大利肉醬麵、滷肉等，但用量不宜多。

香葉，就是我們常說的月桂葉，月桂葉本身就包含數個品種，不過在台灣一般常見的月桂葉，為樟科月桂屬。

在古代，月桂葉除了用於料理，在希臘及羅馬文化中有著重要的象徵意義。古希臘或古羅馬神話中，常見用月桂葉做裝飾，以及將月桂葉作為榮譽的象徵，並編成桂冠來獻給太陽神阿波羅及勝利的運動選手，也就是後來奧林匹克運動會的前身。

月桂葉在歐洲、特別是地中海料理中，扮演著重要的角色，是一種極為常用的香料，在美洲或是亞洲其他各國，料理上也常重用月桂葉，燉肉、海鮮、煮湯、甜點⋯皆可，整葉入菜或磨成粉都有。

月桂葉聞起來有一股清新芳香的氣味，香味柔和，帶著樟科植物特有的香味，但略有一股苦味，所以在燉煮料理時，用量不宜過多，也不宜烹煮太久。乾燥的月桂葉應成亮綠色，此時香氣最佳，放久了則呈褐色，香氣也會大打折扣。

三者皆是料理上常用的香葉，其中除了香氣、味道的差別，外觀也稍有不同；月桂葉為單出脈，肉桂葉及陰香葉都是三出脈。

香葉豆干炒蛋

材料

- 豆干 3片
- 蛋 2顆
- 生辣椒 2支
- 蔥花 1把
- 香葉 5片
- 蒜末 少許
- 花椒粒 3g
- 油 適量
- 鹽 少許
- 醬油 1小匙

作法

1 — 蛋+鹽+蔥花，先行打散，生辣椒切片，豆干切片。

2 — 起一鍋油鍋，先爆香蒜末、生辣椒、香葉、花椒。

3 — 下豆干片小火煸香，煸至豆干呈現金黃微焦後，嗆少許醬油，提香及鹹味，起鍋。

4 — 重新起一油鍋，下蛋液炒熟後，再下炒好的豆干片，混合微炒就可起鍋了。

酸
苦
甘
澀
辛
鹹
涼
麻

陰香葉

常見的行道樹

〔別名〕假肉桂、山肉桂、廣東肉桂

〔主要產地〕中國南方、東南亞。

〔挑選〕葉片味道，無肉桂甜辣味，有一股草腥味。

〔保存〕常溫陰涼處保存即可。

〔應用〕陰香葉雖然與其他兩種香葉同為一家族，但甚少被選用，只有在無法取得月桂葉或肉桂葉時，才會替補上場。使用量則與月桂葉一樣，建議少量使用，要不然會產生苦味。

陰香葉又稱：假肉桂、山肉桂、陰草、野桂⋯，陰香樹屬樟科，當然也就帶著樟科植物特有的香氣，但卻是辛涼味加上一股青草味。

主要分佈在大陸兩廣及沿海省份，算是一種經濟作物，比較常被當作行道樹，不過葉子也被誤作香葉使用，雖有樟科植物特有的香味，相較肉桂葉而言還是遜色不少。

外觀和肉桂葉極為相似，都是三出脈、也可將其歸類為肉桂家族。而另外一種分辨真假肉桂葉的方式，則是從葉背來分辨；肉桂葉的背面，有一層淺白像紙張質感的感覺，而陰香葉則像皮革的光滑狀。

肉桂葉的背面，有一層淺白、似紙張質感的感覺；陰香葉背則呈現如皮革的光滑狀。

1-6 薑科植物種子家族（除豆蔻類外）

薑科植物一門，種類眾多，所分屬的香料名稱也不盡相同，整整一大串，可稱得上族繁不及備載了，理論上都可以使用，只是有些我們不曾使用，或有些是地區性的用法而我們卻不清楚。

除一部份屬於豆蔻家族外，另一些為草果系列，再來就是地下根，也就是我們所熟悉的生薑、老薑、薑黃、三奈…等這類香料。

仔細算一算，大約有二、三十種的香料，從果實到地下根，再到莖、葉、花，皆有利用價值，渾身都是寶，可以說是目前最被廣泛使用的一門香料植物。

砂仁
香砂仁
益智仁
草果

酸
苦
甘
澀
辛
鹹
涼
麻

草果

草果雞湯的重要靈魂

〔**別名**〕草果仁、草果子

〔**主要產地**〕雲南、緬甸。

〔**挑選**〕購買時，盡量以完整顆粒、果粒飽滿為宜，使用時再搥破即可，以免香氣提早揮發。

〔**保存**〕常溫陰涼處保存即可，但要避免受潮。

〔**風味**〕濃郁香氣帶點辛辣感，不宜以完整顆粒入菜，拍碎後香氣更容易釋出，煮火鍋時，加幾顆會讓湯頭很有層次。也可取少許拍碎後與羊肉、牛肉一起燉煮，不像八角那般張揚，味道隱而不顯，可去肉類腥味。

這個號稱雲南地區的第一重要香料！不是草豆蔻的—草果，很多醫藥典籍都記載草果就是草豆蔻，確實也是如此，在以前典籍記載的草果，是目前我們也當香料使用的草豆蔻，又稱草果，但並非是香料界中的草果，有時在查詢相關書籍資料時，還真會讓人看得霧煞煞。

過去的中醫典籍，包括本草綱目或是清朝的本草備要中，所記載的草果一類兩種，就依當時所繪圖片開花結果的部位來看，均是指目前的草豆蔻。當時只能手繪記錄，加上中國幅員遼闊，在藥材的辨識及使用上，有時會尋找藥性相似的做為替代品，所以難免會將類似的藥材歸類為同一種；於是，同樣是薑科植物，但結果部位不同的兩種香料，就被歸為一種了。才會看到在書籍資料上，所寫的草果又名草豆蔻！或是草豆蔻又稱草果！…這種令人搞不清楚的情形發生。

不過這兩種香料，憑良心說，在香氣上還是有很大差異的！目前為避免使用上的混淆，不管是在中藥使用上或是作為香料，均已區分開來，已方便辨識。

草果在香料的應用上，可比草豆蔻廣多了，也更為常見，除了一般滷味香料常用外，其他如：百草粉、咖哩粉、十三香、麻辣鍋、蒙古火鍋…等複方香料，在這些配方中也是不可或缺的一員。

另外，草果的濃郁香氣對肉類有不錯的去腥作用，所以在傳統的中式料理上，特別是在牛、羊肉的燉煮，常可見到辛香料中搭配草果，來增加去腥作用。雖然草果大部分是用來去腥，不過也有特意要取其濃郁香氣而成的料理，雲南的草果雞湯，就是一道代表料理。

草果也是罌粟花消逝後的產物之一！原本主要產地在雲南附近，但由於早期廣植罌粟的金三角地帶，近年來在各國政府的大力掃蕩下，原本大片種植罌粟的地方，紛紛轉種其他的經濟農作物，草果便是其中一種，也因為金三角鄰近雲南，所以收成後的草果再經口岸進口至雲南，金三角便成為草果的新興產地之一。

草果雞湯

材料

- 仿土雞　半隻
- 草果　6粒
- 金華火腿　100g
- 老薑　100g
- 沙拉油　少許
- 水　2公升
- 鹽　適量
- 醬油　1大匙
- 蔥花　少許

作法

1. 雞肉剁塊汆燙備用，草果拍破，薑拍破，金華火腿切片。
2. 起油鍋，先爆香薑塊和草果。
3. 下雞肉炒至變色後，加入2公升的水。
4. 再放入火腿塊，燉煮30分鐘後加入醬油、鹽調味，撒上蔥花，即可上桌。

草果搥破後讓味道釋出再使用。

酸 苦 甘 澀 辛 鹹 涼 麻

砂仁

常在藥材的九蒸九曬中配合演出

〔**別名**〕陽春砂仁、縮砂密、春砂仁

〔**主要產地**〕兩廣、福建、雲南。

〔**挑選**〕粉碎後清涼味明顯，且無其他雜味或陳味。

〔**保存**〕無論是進口砂仁或是本產砂仁，皆以顆粒狀常溫保存，使用時再搥碎；在不受潮的情形下，可存放一至兩年。

〔**風味**〕對於消化系統與腸胃很好，若煮刺激性的鍋品或料理可放少許顧胃。聞起來有種烏梅感，味道辛涼帶點微苦，有去除異味的效果。

砂仁，是豆蔻家族的表兄弟，豆蔻家族由於成員眾多，多到族繁不及備載，連名字都不夠用了，所以只好換個名字繼續出現在這香料市場上招搖撞騙囉！喔～～不是啦，是繼續為廣大愛好料理的朋友，貢獻自己的一份心力啦！

砂仁對於消化道系統有不錯的輔助效果，撇開藥用功效不說，倒常見用於食療的湯品，一般較具刺激性的鍋品或是料理的香料配方中，都有它的蹤跡，可算是複方香料的基本咖，就連我們常用的滷味香料有時也會用到，是一種很常見且重要的香料藥材。

中國人愛吃，也會吃，更會找東西吃！砂仁在中國的使用歷史已超過一千三百多年，在以前通常是入藥使用，後來發現它的好處後，慢慢的將它融入藥膳食補，來調整胃腸相關的問題及做為保健之用，而在一些嗜吃辣的地區，料理所用的香料中更是不可或缺的成員之一。

砂仁還有另一個我們不曾想到的作用。某些中藥材需要經過多重繁複的泡製或工序，其中九蒸九曬大概就是常聽到的一種繁複工序，而用砂仁所泡製的砂仁酒，常會被運用在熟地黃九蒸九曬的工序之上。

砂仁酒怎麼做

將50g砂仁搗破，取出砂仁子，放進一瓶米酒中，浸泡30天後即可使用。

酸 苦 甘 澀 辛 鹹 **涼** 麻

香砂仁

愈新鮮愈清香

〔**別名**〕香砂仁、本砂仁、本荳蔻

〔**主要產地**〕中國南方、東南亞、台灣。

〔**挑選**〕外殼呈紅褐色，打開後清香味足且無其他雜味。

〔**保存**〕顆粒完整狀常溫保存即可，使用時再搥碎使用，避免保存時，香氣快速流失；常溫保存在不受潮的情形下，可存放一至兩年。

〔**應用**〕台灣本地產的香砂仁，香氣更勝進口品，可以與砂仁替代使用。

一種曾經記憶深刻，卻又逐漸被遺忘的香料！還記得仁丹嗎？一種可以讓口氣清新的小小銀色丸子，當年伴隨著記憶成長，只是現在的選擇太多，所以也就被慢慢遺忘了。香砂仁，可是當時製作仁丹重要的原料之一。

月桃葉，曾經在台灣滿山遍野地蔓生，只是被利用率一直不高，但在客家婆婆媽媽的眼中，可是經濟價值頗高的一種植物，大概可與野薑花並駕齊驅。在南部的客家庄，習慣用月桃葉來包粽子，用水煮過的的粽子，粽子的內餡會吸附月桃葉的香氣，這種特殊的香氣可是竹葉粽子所沒有的。

月桃葉的種子當成香料來看待，在對岸很常見，但在台灣香料的使用上，一直以來比例都不高，除了早年的仁丹。不過近年來，月桃經由一些推廣，開始勾起大家的記憶，加上兩岸對於香料融合程度愈來愈高，這個在對岸稱為香砂仁的月桃葉種子，也慢慢被當成香料看待了。

不過到底是進口的香砂仁香，還是我們在台灣野外採收曬乾的本砂仁香（也就是月桃子），老三個人認為，本地現採乾燥後的本砂仁更香，香氣比起進口砂仁要來得清香，外觀也比較討喜。

因為進口的香砂仁，多半已經去殼只剩砂仁子，在長時間運輸及保存之後，其香氣自然與帶殼的香氣差異頗大，而本地現採乾燥後的香砂仁，由於保存著外殼，在使用時才做後續處裡，所以在香氣的保存上，自然能保留住大部分的清香氣味。

1-7

薑科植物地下莖家族

薑類一族，最常聯想到家裡炒鍋爆香的薑末，麻油雞那煸得微微焦香的薑片，清粥小菜中常出現的泡嫩薑，總之，不單單只是嫩薑、生薑、老薑而已。

薑科植物一門，種類繁多，不管是地下莖，或是果實，算一算少說有二、三十種之多，可說是香料界中，種類最多的家族。

但你知道嗎？老薑溫水煮過，破壞了生薑蛋白酶後，可讓燉肉時，肉質較不柴；若要製成老薑粉或其他粉狀製品，薑科植物需要先煮過，讓澱粉熟化後再研磨，就能避免腸胃不適。

鬱金
乾薑
薑黃
三奈
莪朮
高良薑

酸 苦 甘 **澀** **辛** 鹹 涼 麻

高良薑

乾燥的小南薑

〔別名〕小良薑、沙姜、良薑、山姜

〔**主要產地**〕中國東南方、東南亞。

〔**挑選**〕外觀呈紅色，有明顯香辣香氣為佳。

〔**保存**〕高良薑，在市場中新鮮的大部分都稱之為南薑，在不水洗的情況下，可保存數週；若是乾燥的高良薑，可保存一至二年，常溫即可；良薑粉末則建議密封保存為宜。

〔**風味**〕帶有薑科植物的辛辣感，同時有肉桂的甜味，較一般乾薑來得香氣濃郁，是五香粉的基本成員，也是蒙古火鍋裡的重要配料。

大小良薑之分，我們常見東南亞料理中使用的南薑，就是大良薑，而藥舖所使用，一片片帶著紅色的高良薑，是小良薑品種。

高良薑在早年大家並不熟悉，不過近幾年的知名度似乎愈來愈高，這個紅色的薑，目前最常出現在蒙古火鍋的配鍋香料中，若是大家到近年來很夯的蒙古火鍋店用餐，常會看到一整鍋密密麻麻的配鍋香料，如辣椒、草果、豆蔻、香葉等等，還有一種看起來像薑又不太像薑的東西，就是高良薑啦！

高良薑和其他薑科植物，如生薑或乾薑相比，除了薑科既有的辛辣味外，高良薑的香氣更加濃厚，又帶有一股像肉桂的甜味。另外乾燥高良薑最大的特點，即外觀呈紅色。

高良薑也是五香粉的一個基本咖，早期的五香粉大都是用乾薑為組成之一，不過高良薑除了有乾薑的特點外，又帶著較濃郁的香氣及一絲絲肉桂的甜味，所以目前市售五香粉的品牌中，有不少是以高良薑來取代乾薑的地位。

這個看似不起眼的香料，其實在藥用方面也大有來頭喔！我們熟悉的萬金油、驅風油中都有高良薑的蹤跡，因高良薑的成分中有一種高良薑素，是這些藥油的重要成分之一。

除了東南亞常見的這類驅風油，或是滿足口腹之慾的各種香料層面使用外，由於高良薑有著濃郁的氣味，在夏季年年流行的趨蚊或驅蟲香料包中，常常也會與其他香料一同登場！

酸
苦
甘
澀
辛
鹹
涼
麻

三奈

老三家中薑母鴨的秘密武器

〔別名〕沙薑、山辣、山奈

〔主要產地〕兩廣、東南亞。

〔挑選〕挑選外皮呈現紅色，且有明顯的粉粉香味，無辛辣感。選購時，以皮紅裡白的「潮三奈」為佳，香氣也較好。

〔保存〕常溫保存即可；若是三奈粉則盡量以密封瓶保存。

〔風味〕有薑的香氣，卻沒有薑的辛辣，常磨碎用於香料粉或滷包，醃製紅肉或家禽類時加一點，能賦予微微甜辛感並去腥增香。

大家耳熟能詳的沙薑，換到藥舖的說法，就是三奈了！

雖然是薑科家族的一員，但三奈的香氣味道卻有別一般薑類，帶有一股微甜微香及一股溫和的辣，卻沒有生薑或乾薑的刺激辛辣味。廣東名菜鹽焗雞，三奈是其中不可或缺的重要香料，搭配著薑黃，即為廣式鹽焗雞的配方中兩種必備香料。

然而在藥舖的看法中，三奈另有用途，由於三奈帶有一股甘甜清香的氣味，對於紅肉類及家禽類的醃漬或料理，特別有著去腥提香的作用，在料理的適用性上逐漸躍居明顯地位。所以在老藥舖的傳家薑母鴨香料配方中，三奈的重要性則等同廣式鹽焗雞所使用的三奈一樣重要。

三奈雖然為藥用及食用皆可的香料，目前大部分還是運用在香料層面居多，反而藥用比較少。不管是滷水香料，還是各種複方香料，都能輕易地見到蹤跡，不過目前在台灣一般家庭的料理習慣上，三奈不常單獨出現在廚房，大家也相對陌生一些，三奈的使用仍以醃漬類的香料粉或滷料包及食品加工業居多。

市面上出現的三奈，大致可分成三種，分別是潮三奈、梅三奈及紋三奈，其中又以紅皮裡白的潮三奈香氣最佳。

三奈粉怎麼用？

一般常見的三奈用法，多以片狀使用，若手邊有三奈粉，除了常用來醃製食材外，當炒煮雞、鴨肉時，在爆香薑、蒜後的階段，加入與肉一起拌炒，能增加香氣，亦達到去腥提香的效果。

三奈鹽焗雞腿

材料

雞腿 2支
沙拉油 適量
烘焙紙 2張
小砂鍋 1個

香料

三奈粉 3g
岩鹽 1大匙
花椒粒 3g
八角 5g
粗鹽 4斤

作法

1. 將雞腿洗淨擦乾水分。
2. 岩鹽與三奈粉混合，均勻塗抹在雞腿表面，冷藏三小時入味備用。
3. 起一乾鍋，放入粗鹽、花椒粒及八角，開中火炒至粗鹽變色，同時產生爆裂聲。
4. 將冷藏入味的雞腿，表面先刷上一層沙拉油，並用烘焙紙包裹兩層。
5. 起一砂鍋，先在底部鋪上一層炒好的粗鹽，放上包裹好的雞腿。
6. 再將剩餘的粗鹽，鋪在雞腿上，蓋上砂鍋蓋。
7. 開中火3分鐘後轉小火，續煮50分鐘。熄火後再燜一小時即可。

《 美味小秘訣 》

- 炒粗鹽時放進些許花椒粒及八角，可增加香氣。
- 粗鹽要完全覆蓋雞腿。

DRIED GINGER

酸
苦
甘
澀
辛
鹹
涼
麻

乾薑

冬季暖身泡腳好夥伴

〔別名〕白姜、均姜、乾生薑

〔主要產地〕東南亞、華南地區。

〔挑選〕薑味香氣明顯，色澤呈淺黃色。

〔保存〕以常溫保存，避免受潮即可。

〔應用〕乾薑粉適合用來泡澡或泡腳，促進血液循環；或做茶飲、燉品，料理時也可作為老薑的代換。

老薑切片乾燥後，就是乾薑！

或許平常不會想到這也算是一款香料，因為我們老早就習慣使用新鮮的生薑與老薑，根本不會聯想到乾燥的乾薑，其實也以香料的角色，悄悄進入日常生活中。

在冷冷的冬季，有人愛用花椒泡腳來促進血液循環，但其實在日常中，更常以乾薑粉或生薑粉來泡澡或泡腳，是溫暖過冬的好朋友。

乾薑也很適合做茶飲，比如桂圓紅棗薑母茶；也在醃製香料中常出現，在料理或燉品上，偶爾也會當成是老薑的代用品。

雖然是一種日常家庭中平時較少使用的香料，但卻不少見，因為在食品加工業中，算得上常使用的香料之一。

另外，雖然老薑切片乾燥就是乾薑，那麼大家如果要在家中自製，還需稍微注意一下某些小細節，若要製成老薑粉或其他粉狀製品，薑科植物需要先煮過，讓澱粉熟化後再研磨，才能避免腸胃不適。

冬季暖身泡腳包

材料

乾薑 10g
川紅花 3g
艾草 5g
當歸 10g
紅花椒 5g
棉布袋 1個

作法

1 將所有材料裝入棉布袋中。
2 起一小鍋水，先將所有材料煮滾後，燜泡10分鐘，方便釋出味道。
3 將煮過的材料熱水連同料包，加入溫水中。
4 建議溫度維持在40～42度之間，以免溫度過高容易燙傷。
5 泡腳時，水位約略在腳踝上約10～15公分之間。
6 泡腳時間約20分鐘左右。

適合：冬季促進血液循環，暖身去除濕氣。

乾薑燒鱸魚

材料

- 鱸魚　一條（切塊）
- 乾薑　10g
- 米酒　100cc
- 白胡椒　3g
- 鹽　2g
- 地瓜粉　適量
- 細薑絲　適量

調味料

- 油　1大匙
- 糖　1大匙
- 醬油膏　50g
- 水　150cc
- 紹興酒　30cc

作法

1. 取一半米酒與乾薑浸泡30分鐘以上。
2. 鱸魚洗淨切塊，以鹽巴、胡椒、米酒醃漬十分鐘。
3. 取魚塊沾地瓜粉，煎至金黃色後取出。
4. 炒鍋加油、糖各一大匙，慢炒成糖色，加入步驟**1**的乾薑米酒、醬油膏與水一起煮開。
5. 放入煎好的魚塊一起慢燒，起鍋前淋上紹興酒，最後再以細薑絲裝飾。

酸
苦
甘
澀
辛
鹹
涼
麻

薑黃

炸雞上色最佳利器

〔別名〕鬱金

〔主要產地〕印度、印尼及中國為主要產地。

〔挑選〕色澤明亮呈正黃色或橘黃色。

〔保存〕一般新鮮的薑黃，只要冷藏即可保存一段期間；乾燥的薑黃片或是薑黃粉，則常溫保存即可。

〔應用〕有效成分為脂溶性，料理時宜搭配有油脂成分，才能讓薑黃中的有效成分釋放出來。

在印度，被譽為窮人番紅花的薑黃，用於入菜、作為香料甚至當作染料，都有不錯的表現。番紅花因為價格昂貴，並不是每個人都消費的起，而這個古老又平價的薑黃，和番紅花在某些部份的表現有異曲同工之處，甚至還有其他令人意想不到的效果。

薑黃這個原產於熱帶及亞熱帶地區的植物，在三千年前早已被印度這個文明古國所使用，當藥用也當香料，是純天然的染色劑，更是近年來被追捧的養生聖品。薑黃、孜然與芫荽子，又被稱為咖哩三寶！由這三種香料組成基本咖哩咖，再由這三種為基礎，向下延伸就可以組合成變化多端的咖哩香料配方。

但從藥舖角度來看，單單薑黃屬就有三種，分別是薑黃、鬱金及莪朮，這當中又分別有細項、功用效及主治略同，但常會混淆，尤其是薑黃及鬱金。而市面上常見的紅薑黃與黃薑黃，其實是印度品種與印尼品種的差別，而較少見的紫薑黃，即是藥舖中的莪朮。

所以換句話說，在藥舖所見到的不論是薑黃、鬱金或是莪朮，以食材或是香料的角度來看，其實都是薑黃一類，只是品種不同而已。

鬱金：是薑黃的其中一種，但與觀賞用的鬱金香一點關係都沒有。

莪朮：雖是薑黃種類的一種，但甚少被使用在料理上，依舊以藥材看待居多。

咖哩香料粉

材料

- 薑黃 15g
- 孜然 20g
- 芫荽子 15g
- 黑胡椒 15g
- 肉桂 10g
- 肉豆蔻 10g
- 西式大茴香 8g
- 三奈 8g
- 畢撥 8g
- 綠豆蔻 6g
- 砂仁 6g
- 陳皮 6g
- 香葉 3g
- 丁香 3g

作法

1 — 將上述材料，放進烤箱中微烤，或乾鍋小火微炒一下，增加香料乾燥程度。

2 — 放進高速調理機中打成粉末狀即可。

3 — 放置冷卻，裝入玻璃瓶中保存。

咖哩燉雞

材料

仿土雞腿切塊　一支
自製咖哩粉　20g
洋蔥　半顆
紅蔥頭碎　3顆
雞高湯　150cc
椰奶　50cc
鹽　適量

作法

1 — 仿土雞腿塊洗淨擦乾，以少量咖哩粉醃漬30分鐘。
2 — 取一鍋放入沙拉油，炒香洋蔥與紅蔥頭至軟化。
3 — 再放入醃漬好的雞腿肉一起以小火拌炒上色。
4 — 加入剩餘咖哩粉與雞高湯後，以小火不斷拌炒收汁。
5 — 待收汁完成前加入椰奶拌合，並以鹽巴調味即可。

1-8 蔘類家族

說到補，或是養生，在國人心目中，我想閃進腦中第一個念頭，便是有號稱藥王之稱的人蔘！

但除了人蔘外，其他尚有不同的蔘類，每一種又各有不同屬性，也就是我們常常說的溫補或是涼補之別。

不管是冬季滋補還是夏季的涼補，病後調理，藥膳料理，高貴茶飲，亦或是彰顯貴氣，肯定蔘類是首選，但人有不同的體質，四季有春夏秋冬，藥膳有寒熱溫涼，滋補聖品，藥膳首選，會不會補過頭？或如何以調味的角度？這些都是需要進一步了解的必修課。

人蔘鬚
東洋蔘
西洋蔘
黨蔘

酸

苦

甘

澀

辛

鹹

涼

麻

人蔘

乾品鮮食兩相宜

〔別名〕高麗蔘

〔主要產地〕中國、西伯利亞、朝鮮半島。

〔挑選〕外觀形體完整，切面顏色深、無白心，香氣足。

〔保存〕鐵盒未開封，常溫放置愈陳愈香，開封後應避免受潮或蛀蟲。

〔應用〕補氣效果雖佳，但體質偏熱，或是夏季時節，宜避免或減少使用。

小時候常常看到長輩們上藥舖來購買人蔘，不管是切片或送禮，總是會聽到，這人蔘是好東西，口中偶爾含著一片，立馬精神十足，或是沖成茶飲細細酌飲，也可以永保安康延年益壽！在《藥舖年代》中回憶著阿水叔的高麗蔘那篇故事，心中又是另一種的體會。

人蔘被稱為藥王，是李老先生尊稱的上品，可以延年益壽，在古時候也被當成是不可多得的強心藥，獨蔘湯便是一個知名的藥方。

即是藥材，也被當成補養品，更是被當成香料來看待，就連巷口的檳榔攤裡，要裹在檳榔中的紅石膏香料配方中，也曾經出現過。

因含有多種人蔘皂苷及多種氨基酸，常用於醫病處方、藥膳、燉品，或製作成各式保養品，產地之一的韓國，也很喜歡用新鮮的鮮人蔘入料理。

但人蔘也因為性質屬於溫性，所以有部分熱性體質的朋友並不適合使用，或是夏季要減少食用，或改用其他較為涼性的蔘類。人蔘雖好，還是要提醒一下，若有感冒、失眠或是高血壓的朋友就不太適合了。

人蔘鬚

人蔘鬚

作用大致與人蔘相同，但功用較弱。蔘鬚泛指成熟人蔘採收後所修剪下的細鬚，或是一至二年生長期的小人蔘，也因為更加溫和，所以常被用來取代人蔘，在不適合人蔘大補的季節，或是想滿足口腹之慾時，或當成四季保養之用，都可入藥膳、茶飲或香料使用。

人蔘烏骨雞湯（電鍋版）

材料

烏骨雞　1隻
乾香菇　8朵
竹笙　20g
水　2公升
米酒　1杯
鹽　適量

香料（裝入棉布袋，人蔘鬚及枸杞不裝袋）

人蔘鬚　8g
枸杞　15g
熟地　9g
當歸　6g
芍藥　6g
川芎　6g
黑棗　3粒

作法

1. 全雞不切塊，洗淨汆燙備用。
2. 乾香菇泡開，香菇水要留用。
3. 竹笙泡水清洗後，瀝乾備用。
4. 將全雞、藥膳包、人蔘鬚、香菇（含香菇水）及竹笙放入鍋中，加進水及米酒。
5. 電鍋外鍋加一杯水，按下開關。
6. 待電鍋跳起後，加入枸杞，外鍋再加進半杯水，按下開關。
7. 待電鍋再次跳起時，加入鹽調味再燜十分鐘即可。

酸
苦
甘
澀
辛
鹹
涼
麻

東洋蔘

春秋溫補好幫手

〔別名〕洋蔘

〔主要產地〕日本、中國、朝鮮半島。

〔挑選〕切片中心無白心，顏色愈深，香氣愈足為佳。

〔保存〕常溫放置愈陳愈香，但應避免受潮或蛀蟲。

〔應用〕屬於溫補滋養的蔘類，使用與效果與人蔘大致相同，但相較於人蔘，更適合體質偏熱的朋友使用，在季節的使用上，除夏季外，其他季節均適宜，也常用於藥膳、茶飲等。

只產於東方，西洋不種植，所以稱為東洋蔘，原產於中國，後引入日本，現在則以日本產的最具代表性。在選擇溫補滋養的蔘類時，除了常見的蔘鬚，東洋蔘也是另一種適合溫補的蔘類品項。

日常用法中，東洋蔘是溫性滋補的蔘類，功效與人蔘大致相同，補氣血、抗疲勞、增強免疫力，價格也更為親民；與人蔘不同的是，更常被使用在春、秋兩季，天氣不太寒冷的季節，無須人蔘大補時，也是體質偏燥熱的朋友適合的選項之一。除常見的藥膳燉品外，也常與枸杞搭配作成茶飲，可保養眼睛、增強體力。

東洋蔘活力湯

香料

- 東洋蔘 3g
- 菊花 3g
- 黃耆 5g
- 枸杞 6g
- 紅棗 10g
- 水 1.5公升

作法

1 將所有材料用清水洗去灰塵。

2 起一鍋水，放入所有材料開火煮滾。

3 轉小火續煮20分鐘，熄火過濾即可。

酸 苦 甘 澀 辛 鹹 涼 麻

黨蔘

最常使用的蔘類藥膳食材

〔別名〕蘇黨蔘

〔**主要產地**〕中國。

〔**挑選**〕形體愈粗大，等級愈高，無酸氣。

〔**保存**〕應避免受潮或蛀蟲，或冷藏保存。

〔**應用**〕味溫性甘，是四季皆宜的補氣藥膳香料，因不燥熱，常用在月子餐燉品或夏季養生鍋中。

雖歸類在蔘類家族，但卻不是五加科植物，而是桔梗科。

被譽為窮人的人蔘。不管是在古代或現今，黨蔘都被稱為窮人版的人蔘。黨蔘和人蔘的外觀有點相似，但根部分支較少，比起人蔘，價格相對低廉，且因為性質較為平和，所以常在夏季代替人蔘作為藥膳湯品使用，或是體質過於燥熱的朋友，不適合人蔘或東洋蔘這類過於溫補的藥材，就可用黨蔘替代。

也就是因為價格低廉，又有不錯的保健作用，除藥用外，黨蔘也被大量地使用在藥膳料理或香料之中，比起人蔘，運用層面更廣。

雖然黨蔘平時入湯品或藥膳居多，但除此之外，尚可與五穀雜糧類的薏仁、紅豆等一起煮成茶飲，既有平和的滋補功能，還有夏季除濕利水的意外好處。在日常藥膳中，若只是保健，多半以黨蔘來取代人蔘或東洋蔘使用，一年四季均可食用，並不因四季寒暑季節所限制。

黨蔘黃耆薏仁紅豆水

香料

黨蔘 10g
黃耆 20g
薏仁 40g
紅豆 30g
水 2公升

作法

1 將藥材洗去灰塵。
2 起一鍋水，放入所有材料。
3 大火煮滾後，轉小火續煮60分鐘後熄火，冷卻過濾即可。

1-9 繖型花科家族

（除茴香類外）

除了大家所熟悉卻又一頭霧水的茴香外，繖型花科中可當成藥膳材料或是香料的，其實也不在少數。

例如：常見用來補氣血的的當歸、川芎外，就連經典台式小吃的最佳路人甲一香菜！都是其中家族的成員之一。

川芎
當歸
芫荽子
白芷

酸
苦
甘
澀
辛
鹹
涼
麻

當歸

養血補血第一名

〔別名〕秦歸、西當歸、雲歸

〔主要產地〕甘肅、四川、雲南、花蓮。

〔挑選〕整株頭圓、尾粗，香氣明顯，帶油潤感、香氣濃郁為佳，無明顯木質化。

〔保存〕台灣夏天高溫潮濕，而目前當歸幾乎都未燻硫磺，若保存不當，容易長蛀蟲，所以宜冷藏保存。

〔風味〕在香料中是主角也是好配角，因富含油脂、氣味很香，各式藥膳火鍋都適合，也是醃肉百草粉中的重要香料。

當歸可說是國人最為熟悉的中藥材，舉凡是阿嬤要煮個養生魚湯，阿母要燉四物雞湯，阿爸要吃羊肉爐、當歸鴨……都可看到當歸在其中。當歸除了是四物湯的主角外，在其他很多補氣的方劑中也常出現，本草綱目記載：補血和血，調經止痛，潤燥滑腸，是目前最常用的補血藥了。

雖然當歸是常用的藥膳材料之一，又被譽為婦科聖藥，卻也不是任何體質都適合食用，像體質比較偏熱的就不適合多吃當歸，因為吃多了容易有上火、長痘痘及便秘的情形發生，婦女朋友在經期時也要慎用。

而當歸產地雖然在對岸，不過近年來也在台灣變成一種經濟作物。台灣目前所栽種的當歸，是少數在台灣具有高經濟價值的中藥材之一，主要產地在花蓮、南投，南台灣屏東亦有少量的栽種。

兩岸當歸不同的是，台灣所進口的大陸當歸，都是乾燥的植物根或是加工過的飲片，而台灣所栽種的當歸大多是鮮品，所以全株植物都可使用，整株連莖葉皆能入菜，可供發展的品項更齊全。

台灣的本產當歸不僅經濟價值高，使用層面也廣，再加上氣候適宜，不單單是入料理，更可借助生物科技，導入相關保健商品的開發……，處處都可看到其用心。當歸是如此有經濟價值，在地用量需求也大，而台灣又有農業改良專家，再加上台灣有很多閒置的農業用地，如果以此來發展精緻農業，進而培植本土的中藥栽種產業，似乎也是一件一舉兩得的事。

當歸鴨

材料

菜鴨　半隻
（或紅面番鴨1／4隻）
薑絲　少許
鹽　適量
當歸枸杞酒　適量

香料

當歸（或當歸腳）　20g
川芎　6g
黃耆　6g
芍藥　5g
熟地黃　5g
黨蔘　5g
紅棗　5粒
肉桂　3g
枸杞　6g

作法

1 鴨肉剁塊，洗淨血水及雜質。

2 用冷水慢慢加熱汆燙鴨肉，至將滾未滾時，約90度即可，再次洗淨備用。

3 將藥材香料，用棉布袋裝起（枸杞除外）。

- 棉布袋要依藥材份量選用適合大小，不要裝太密，中間留些空間，讓藥材能順利釋放味道。

4 起一鍋水約2公升，放入藥材包及鴨肉，煮滾後轉小火，菜鴨約30分鐘（番鴨約1.5小時），但建議使用菜鴨。

5 最後5分鐘加入薑絲及枸杞續煮一下下。

- 枸杞最後才放，這樣才不會出酸味，枸杞不化，視覺效果好。

6 最後以鹽調味。上桌前淋一點當歸枸杞酒，更能增添風味。

《 美味小秘訣 》

- 當歸枸杞酒及薑絲對於當歸鴨有畫龍點睛的效果。
- 若無泡製當歸枸杞酒時，可以用米酒替代。
- 在汆燙動物性食材時，以冷水慢慢加熱去除血水，而不用熱水汆燙，是因為若直接以熱水汆燙食材，容易讓食材表面溫度上升過快，使得蛋白質凝固，而讓食材裡的血水無法順利流出，反而留在食材裡造成腥味過重。因此一開始便將食材放進冷水中，再開火慢慢加熱汆燙，比較容易讓食材裡的血水流出，達到汆燙效果。

當歸生薑羊肉湯

材料

羊肉片 600g
薑絲 20g
水 1.6公升
鹽 適量
當歸枸杞酒 適量

香料

當歸 12g
川芎 6g
黃耆 8g
熟地黃 5g
肉桂 3g

作法

1. 將所有的香料藥材，裝入棉布袋中。
2. 起一鍋水，先熬煮香料包30分鐘。
3. 撈起布袋不用，放進羊肉片燙煮，撈出浮沫。
4. 最後加入薑絲續煮1分鐘。
5. 放進鹽調味，最後加入當歸枸杞酒提味即可。

酸
苦
甘
澀
辛
鹹
涼
麻

川芎

當歸的好搭檔

〔別名〕香果、芎藭

〔主要產地〕四川、雲南。

〔挑選〕香氣明顯，帶油潤感，片狀碩大。

〔保存〕常溫密封，避免受潮。

〔風味〕味辛，香氣濃烈，與當歸算是四物二寶，作為香料使用時，因藥香味濃，可用來調整滷包的香氣味型，如麻辣鍋希望多點藥膳香味時就可添加。

婆婆媽媽日常所熟悉的行氣、補血、活血的藥材中，第一名肯定是當歸，而川芎肯定就是第二名，兩者有著互補的角色，平日經後調理的四物湯中，川芎是基本成員之一，有著行氣、活血、止痛的效果，而川芎在藥舖中也常被使用於治療頭疼或感冒用藥，因此，川芎在這類藥膳湯品中，算是常見的保健藥材。

也因為有著芳香的氣味，所以也被歸類為中式基本香料，除了我們熟悉的四物湯，也常與天麻或黃耆、枸杞這類藥材，一同出現在魚湯中。

就連東南亞的庶民美食肉骨茶，川芎也常出現在黑湯中，也就是所謂的香式或稱為福建式的肉骨茶當中。而大家都只知道使用川芎，用的是其地下塊莖，其實在產地，就連川芎的嫩葉，也會被當成蔬菜使用。

◆ 川芎當歸黃耆魚湯

材料

- 鱸魚 1條
- 薑絲 少許
- 鹽 適量
- 米酒 少許

香料

- 川芎 6g
- 當歸 6g
- 黃耆 10g

作法

1. 鱸魚洗淨切塊。
2. 起一鍋水，放入川芎、當歸及黃耆先煮十分鐘。
3. 加入鱸魚續煮，撈起浮沫。
4. 最後加入薑絲、鹽調味及米酒提味即可。

燒酒雞

材料

仿土雞　1隻
米酒　2瓶
水　2.5公升
老薑　3片
鹽　適量

香料（裝入棉布袋，枸杞除外）

川芎　15g
當歸　15g
何首烏　15g
黃耆　20g
肉桂　8g
羅漢果　5g
桂枝　5g
甘草　3g
枸杞　20g

作法

1 土雞剁塊、汆燙備用。

2 另起一鍋水，放入汆燙後的雞肉、香料包、老薑及加入1瓶半的米酒。

3 煮滾後，轉小火續煮25分鐘。

4 最後加入半瓶米酒及枸杞，續煮10分鐘。

5 熄火前加入鹽調味即可。

美味小秘訣

- 米酒分兩次下鍋燉煮，可減少米酒使用量，並保留米酒香氣。
- 枸杞最後放，可以讓湯色澤更好看，也不會讓枸杞的酸味出現。

酸
苦
甘
澀
辛
鹹
涼
麻

白芷

美白藥膳滷水全方位

〔別名〕香白芷、芳香、澤芬、牛防風

〔主要產地〕中國東北、華北及四川。

〔挑選〕片狀雪白，用手觸摸有一點點粉狀感。宜選色澤白，香氣足為佳。

〔保存〕以常溫保存即可。

〔風味〕潮式滷水的基本香料。氣味清香，油脂較當歸少，常見於十三香與川式滷味中，也能作為活血去濕止痛的茶飲。

說到這個很香的白芷，連不下廚的慈禧皇太后都忍不住要按~讚！

相傳慈禧太后在年過六十後，皮膚依然吹彈可破，除了是眾多御醫及後宮婢女的悉心照料外，更重要的是靠她的美容聖品—玉容散的加持！以前中國老祖宗所流傳下來的美容藥方，如七白散、八白散或是更具代表性的玉容散，總少不了白芷的存在，更進一步來說，這些漢方的美容面膜，都是以白芷為主要的基本咖而衍伸出的美容藥方。

白芷可以說是全方位的藥材，或稱之為香料亦可。除當藥用常見的止頭疼外，也是愛美女性的美容聖品，在香料界中雖然不常當主角，但也常常看到它的出現。

不過由於兩岸的飲食習慣不同，白芷作為香料使用時也產生不小的差異。台灣只有在少量的滷水香料，或是食療藥膳出現，比例不算高，但在對岸常用的調味料，如十三香、八大味、麻辣鍋等複方香料或藥膳，都習慣或常會添加白芷來增添香味。

白芷帶有一股特殊的清香味，具開胃效果，雖然不是主角，但也由於這股香味加入香料中，常會令人驚豔，有錦上添花的效果！同時白芷也帶有辣味及苦味，用量通常不會下得重。

在台灣反倒是愛美的朋友，比較常注意白芷的存在，因為白芷在漢方美容有諸多效用，就中醫的醫理記載可看到，白芷對於美白、淡斑、雀斑、粉刺都有療效，現代醫學藥理研究更證明，白芷可改善局部的血液循環，促進皮膚細胞新陳代謝，消除色素沈澱，能達到美容作用。

白芷川芎天麻奶白魚頭湯

材料

大頭鰱魚頭 1個
薑 6片
蔥 2支
花雕酒 3大匙
沙拉油 少許
水 3公升
鹽 適量

香料

白芷 15g
川芎 15g
天麻 20g
陳皮 2g

作法

1—魚頭去鰓洗淨，對剖成兩半，擦乾水分備用。
2—香料放進花雕酒預泡，泡至藥材濕軟即可。
3—起一油鍋，先爆香薑片後，放進魚頭煸至兩面微焦黃。
4—加水，開大火煮滾後，撈起浮沫及浮油。
5—轉小火，加入用花雕酒預泡的藥材花雕酒及蔥，續煮一小時。
6—熄火，用適量鹽調味即可。
7—第一次煮滾需大火，要不然湯頭無法呈現奶白色。

酸
苦
甘
澀
辛
鹹
涼
麻

芫荽子

咖哩重要的三個基本咖之一

〔別名〕興渠、胡荽子、香菜籽

〔**主要產地**〕原產於西亞，現今中國、東南亞為主要產地。

〔**挑選**〕果粒大且飽滿，香氣清香無陳味。

〔**保存**〕芫荽子在中藥房或是超市均可找到，一般以瓶裝常溫保存即可。

〔**風味**〕是西式料理常見的辛香料，台式料理則多用芫荽葉，近幾十年才開始以籽入菜，亦用於綜合性的調味或醃製上，可去除肉類腥味。

雖不到愛恨分明的地步，但也有人打死不碰。芫荽據說是張騫出使西域所帶回來的，大概是西元前一百多年，也就是說兩千多年以前的事了，張騫可說是中國第一位探險家，在西漢時，從洛陽西行，兩次出使西域，足跡涵蓋了現今中亞及部分歐洲一帶。

中國歷代，就出使中國以外地區的人物之中，大概只有明朝的鄭和，可以與張騫相提並論，雖說兩人相差大約一千五百年，但確有一些相似之處，同樣是宣揚國威，一位是第一個乘馬西行出使外國的大使，另一位是駕船南下的使者，兩人名氣一樣響，同為宣揚國威與和蕃之事盡一己之力，也在出使期間，引進當地的香料，在歷史中有著不被遺忘的地位，也在中式香料的歷史中佔有一席之地！

對於芫荽子來說，東西方的使用上有明顯差異，西方長期以來，大部分的時間都將芫荽子當做香料，常用在醃製肉類、魚類、甜點、湯品或沙拉，有時也用於飲品的調味，算是常見且重要的辛香料之一，芫荽葉（也就是香菜）也是常用的調香蔬菜。

而在中國早期，則多將芫荽子當作藥材，在料理的使用上多以芫荽葉為主，芫荽子相對少用，開始大量將芫荽子用在料理上，也是近數十年的事而已，用法大多與西方料理相似，或是調入一些綜合性的調味料或醃製香料，而印度咖哩的香料配方中，芫荽子則是不可或缺的材料之一。

最佳的路人甲—芫荽

在傳統的中式料理，或是正港的台灣料理、在地小吃中，芫荽都是最佳的路人甲！常常扮演著畫龍點睛的效果，雖然不是主角，但缺了它，總覺得少一味，少了完美的感覺！譬如說：豬血糕、貢丸湯、魷魚羹、油飯、米糕⋯。不過在這幾年的日本，卻是瘋狂的將芫荽變身為料理主角，堪稱為芫荽做了一番新的註解。

有人喜愛這芫荽的香氣，所以稱之為香菜，做料理時總愛都加一點，甚至單純的香菜拌上醬油、醋及香油，就是一道美味的小菜。不過香菜雖香，但還是有人將其視為洪水猛獸，並不喜歡香菜的氣味，可見這香氣還是見仁見智。

蓮藕排骨

材料

排骨　2斤
蓮藕　150g
水　1.5公升
鹽　適量
胡椒粉　少量

香料

芫荽子　5g
白胡椒粒　3g
香菜　適量

作法

1. 排骨剁塊，入冷水鍋中，慢慢加熱汆燙備用。
2. 蓮藕洗淨削皮，切片備用。
3. 芫荽子、白胡椒粒用刀背拍破，香菜取香菜梗，三者裝入棉袋中；香菜葉另用。
4. 起一鍋水1.5公升加入排骨、蓮藕、香料包，煮滾後轉小火續煮約40分鐘。
5. 熄火上桌前，再以鹽調味，撒上少許胡椒粉，放進香菜葉即可。

1-10

芸香科家族

（除花椒外）

柑橘類一門，大家都熟悉的水果，不管是柚子、檸檬、柳丁或橘子，甚至有更多水果都屬於柑橘類，而柑橘類的果皮或葉子富有豐富的精油成分，也常被萃取出來，做成各式商品，如化妝品、清洗用品、高濃度精油…等。

常見柑橘類的果實，我們當成水果看待，而果皮或是未成熟的果實，則另有一番用途！

不單單是果實的運用，就連果皮、未成熟的果實，甚至葉子都可以當成香料來看待。

陳皮
枳殼
青皮

陳皮老鴨冬瓜湯（電鍋版）

材料

老鴨　1／4隻
冬瓜　120g
高湯或水　適量
鹽　少許

香料

陳皮　3g
老薑片　3片
黑棗　5顆

作法

1　鴨肉剁塊洗淨，汆燙備用。
2　起一油鍋，加入少許油，將鴨肉入鍋炒至上色。
3　冬瓜不去皮，洗淨切塊。
4　所有材料入電鍋，加水或高湯蓋過食材即可，外鍋加兩杯水。
5　待電鍋跳起後，再燜一下，加入適量鹽調味即可。

美味小秘訣

- 陳皮的使用量不宜過多，容易讓湯頭產生苦味。
- 老鴨不易取得，可以使用菜鴨。

酸
苦
甘
澀
辛
鹹
涼
麻

枳殼

要先炒焦才能用的香料

〔別名〕炒枳殼、只壳

〔**主要產地**〕四川、江西、湖南、湖北，江蘇為主要產地。

〔**挑選**〕炒製過酸香氣依然明顯，帶一點點焦香味。

〔**保存**〕一般以常溫保存，並無特別需注意之處，只要避免受潮即可。

〔**風味**〕帶柑橘酸香味，但苦澀亦明顯，常用於川式涼滷菜的滷水，有去油膩、去腥味的效果。

古人說：橘越淮為枳，所以大致上產地就以淮河為界，當然淮河以北也有柑橘類的植物，不過大致上就做為另一種藥材—枳實或枳殼使用了。這是以前古人對橘子或枳實、枳殼這類柑橘類大致的區分法則，但隨著農業科技的進步，這類粗淺的分類法則也老早就被打破規則。

這類柑橘未成熟就採收下來的藥材，還須經過一道炒製過程，才能使用，帶著一股微焦酸香氣。原本是一種理氣藥材，也因為有股柑橘類酸香氣味，既有增加香氣，又有去除腥味的效果，讓這原本大家所認知的藥材，也進入到香料一門之中。

枳殼與我們常吃的柑橘類，同為芸香科果實，但藥舖中常見的枳實或枳殼，是一種酸橙尚未成熟的果實，經切片加熱炒製微微焦化而成，整粒切片為枳實，若只有外部的皮，就成為枳殼。

現今，枳實或枳殼不僅作為藥材，在香料使用上也有一席之地，因為具有除腥臭味、羶味增香的作用，且氣味酸香氣濃，常用於川式涼滷菜的滷水中，但本身帶有一股苦澀味，用量不多放，否則易使滷水變苦。

枳殼味道偏苦澀，但也同時帶著酸味，而陳皮總體比較偏向於甘甜味，兩種存在不同的味覺，如果以為兩者因為同樣是柑橘類，就可以互相替換與取代，這並不是正確的觀念。

就以常見的滷味滷製而言，陳皮對肉質的軟嫩程度有加分作用，且增加清香作用；而枳殼在去油膩上效果比較佳，同時去除腥羶味的效果也比較好。

枳實

枳殼燜秋刀

材料

秋刀魚 2尾
白醋 50cc
水 250cc

調味料

清酒 50cc
枳殼 5g
醬油 50cc
味醂 50cc
蜂蜜 20g
水 300cc
糖 20g

作法

1 — 秋刀魚洗淨切小段，泡醋水（白醋50g＋水250g）一個晚上。
2 — 取出秋刀魚擦乾表面，抹油烤上色或熱鍋煎上色備用。
3 — 鍋內放入清酒燒開，待酒精揮發後，加入其他調味料與秋刀魚，煮至大滾後調中小火，熬煮30分鐘即可。

美味小秘訣

• 泡醋水是為了讓秋刀魚的魚骨能夠透過醋水浸漬，達到軟化作用，如此一來，無論是炸過或是烤過的秋刀魚經過燉煮後，魚骨都會變得鬆軟，容易入口。

酸
苦
甘
澀
辛
鹹
涼
麻

青皮

不會愈陳愈香的橘皮

〔別名〕青橘皮、青柑皮

〔主要產地〕中國南部及西南部。

〔挑選〕色澤偏青綠，香氣足。

〔保存〕一般以常溫保存，並無特別需注意之處，只要避免受潮即可。

〔風味〕酸香濃郁，多利用其本身的苦澀味，來去除動物類食材的腥味。

青皮，作用類似於陳皮，卻無法像陳皮一般愈陳愈香。

其苦澀味也較陳皮明顯，一樣是芸香科柑橘，卻是用柑橘未成熟的幼果，或以未成熟的果皮乾燥而成，但大多還是使用果皮，甚少見到是以未成熟的整顆果實來乾燥。

因為是未成熟的柑橘果皮，所以精油較多，酸香氣濃郁，但也因未成熟，苦澀味更加明顯，因此在作為香料的使用上，有著更大的限制，通常僅侷限在去除腥味這一項為主要功能。

在一般的家常滷味上，我們似乎不會用青皮來當成香料，但在川式滷味中，卻不難發現青皮的存在，它比起陳皮多了一股明顯的苦澀味，由於川式滷味常出現腥羶味明顯的食材，所以青皮這苦澀的氣味特點，正好可用來去除腥羶味，中和味道以達到增加香氣的效果。

在柑橘類的運用習慣上，不難發現香料因地制宜的特性，與所在地的食材風味與新鮮程度，息息相關。從老廣喜歡用陳皮，到西北地區既喜歡陳皮，而青皮的使用上也不算少見，而在台灣則是介於兩者之間，對於陳皮沒到重用瘋狂的程度，但相對的，青皮所用之處也屈指可數。

但隨著這些年飲食文化的改變，川式料理佔據了重要的地位，由於口味厚重，所用的食材也更加多元，連帶著在香料的選擇上，原本不常出現，或是甚少使用的香料種類，都紛紛的冒出頭來，出現在本地的香料市場中，青皮便是其中一種。

青皮紙包魚

材料

深海石斑肉 500g
黃櫛瓜 80g
綠櫛瓜 80g
小番茄 30g
蛤蠣 40g
茴香葉 2g

調味料

青皮 6g
白酒 20cc
鹽 1小匙
胡椒粉 1小匙
橄欖油 2小匙

作法

1 — 蔬菜切片狀，加適量鹽、胡椒粉、橄欖油拌均勻。
2 — 石斑肉加入所有調味料拌勻。
3 — 使用烘焙紙將所有蔬菜、蛤蠣、石斑包覆（茴香除外）成為一個包包狀，放入180度烤箱，烤25～30分鐘後取出。
4 — 以剪刀剪開紙包魚，擺盤放上茴香即可。

2-1 染色作用

在香料的運用中，不管是增加香氣，或是去除腥羶味，有些香料作用是單一的，而有些卻有兩種或兩種以上的效用存在。

在烹調料理時，我們強調的是色香味俱全，所以香料的存在，不單單只有增加香氣，去除食材異味而已，若是能增加賣相，讓料理從好吃的層面，進階到色香味皆具，更是香料存在的另一個重要因素。

紫草
杜仲
川紅花
薑黃
黃梔子

CAPE JASMINE

酸

苦

甘

澀

辛

鹹

涼

麻

黃梔子

從古到今的天然染色劑

〔別名〕

梔子、黃梔、山梔子、支子、枝子

〔主要產地〕中國華中以南、台灣。

〔挑選〕果粒均勻飽滿無破損，色澤亮度佳，無褐。

〔保存〕一般以常溫保存，並無特別需注意之處，只要避免受潮即可。

〔風味〕在複方的香料配方中，取其偏涼的屬性，常用來調整麻辣鍋或藥膳的色澤，使其降低燥熱屬性，是四季皆宜的涼性香料。

黃梔子既是天然的染色劑，也是古早的消炎藥。在化學合成的添加色素尚未普及之前，黃梔子曾經是一種普遍常見的天然染色劑，由於本身的苦寒藥性，也常被運用於消炎抑菌的處方上。

除了用於香皂調色，食品上最常運用在麵條染色，就連庶民小吃粉粿的染色也常見到黃梔子的蹤影。

若以香料的角色看，梔子最常被運用的兩個功用，一是調性味，另一個就是上色。因為大多數的香料性味，多為溫性或是偏熱的屬性，所以在四季的香料運用上，不單單要講求香氣層次，且為了要達到屬性的平衡，像梔子這類偏寒性的香料，這時就會派上用場。

即使帶著苦味與酸味，使用上只要稍稍留意一下用量，倒也不至於將苦味帶出來；另一個就是借助染色的好效果，所以在滷水的香料配方中也常見到，有幫助滷味上色的輔助作用。

而梔子除了大家所知的染色效果，以及在中藥用於消炎抑菌，或是香料配方中用於調性味之外，其實還有另一項被大家所遺忘的功用。

在茶飲，梔子花有著另一種角色存在！

自陸羽所著的茶經，便將花朵或是其他香氣與茶葉香結合了，經過宋明一路到民初，從早期單純的茉莉花、菊花，一路增加花茶的種類，柚子花、梔子花也是薰製花茶的選項之一，只是這薰製花茶是另一個領域，也由於茉莉與玫瑰花茶的名氣過於響亮，讓其他種類的花茶相形之下，名氣默默被掩蓋了。

古早味粉粿（電鍋版）

材料

黃梔子仁　5粒
地瓜粉　170g
太白粉　30g
水　500cc
棉布袋　1個
烘焙紙　1張

作法

1. 取300cc水，與地瓜粉及太白粉調成粉漿。
2. 將梔子仁用刀背拍破，裝入棉布袋。
3. 剩下的200cc水中，放入裝有梔子仁的棉布袋，開小火煮滾後，湯汁呈現黃色即可撈起梔子仁。
4. 將步驟**1**的粉漿，倒入步驟**3**快速攪拌均勻成糊狀，即可關火。
5. 將步驟**4**倒入舖有烘焙紙的容器，放入電鍋，外鍋加一杯水。
6. 電鍋跳起，用筷子插一下，無糊狀即可取出放涼。

美味小秘訣

- 梔子仁不宜久煮，苦味才不會出現。
- 若用瓦斯爐蒸，大約需要15分鐘。

酸
苦
甘
澀
辛
鹹
涼
麻

熟地黃

黑湯肉骨茶的著色劑

〔別名〕地黃

〔**主要產地**〕中國河南為主要產地。

〔**挑選**〕切面色黑有油亮光澤，香氣濃郁為佳。

〔**保存**〕冷藏為佳。

〔**應用**〕中式藥膳常見，除藥性外，不但能增加甜味，亦可調整湯品色澤。

處理起來很費工夫的一道藥材，傳說中的九蒸九曬，說的就是它，不管是用黃酒蒸，或是要先浸泡砂仁酒，再用其浸泡後的酒來蒸生地黃，蒸過後再曬，曬過後再蒸，反覆蒸曬直到九遍，讓原本藥性轉變，也讓其色澤產生變化。

我們對於熟地黃並不陌生，四物湯中就能見到，是常見的補血益陰藥材，也是日常中常用的藥膳材料之一。

小時候家中所燉煮的藥膳，十之八九都是黑色的，好像不是黑色就不像是在進補了，而小朋友所不喜歡喝黑黑的藥膳湯，通常就是熟地黃所造成的，也因為有著黑色的特性，在需要對湯汁上色或加深色澤時，這時就能派上用場。

但有別於其他也有著黑色染色效果的食材，如竹炭粉或墨魚粉，這類之單純提供純黑的上色效果，熟地黃常用於加深湯汁的色澤，效果更佳，竹炭粉或墨魚粉則用在食材的染色層面居多。

生、熟地黃的差異

地黃有生、熟之分，甚至有鮮地黃，只是我們這邊不是產地，所以無緣見到新鮮的地黃。生地黃是指鮮地黃採收後曬乾而成；而熟地黃則需經過反覆蒸曬，使其藥性從寒性轉變至溫性，色澤也從褐色轉變成黑色，並帶有明顯的甜味。

藥燉排骨

材料

排骨 2斤
薑絲 少許
米酒 1杯
水 2.5公升
鹽 適量

香料

熟地黃 20g
當歸片 10g
芍藥 10g
肉桂 6g
川芎 8g
黃耆 8g
桂枝 5g
枸杞 10g

作法

1. 將所有香料裝入棉布袋中（枸杞除外）。
2. 排骨剁塊汆燙後，洗淨備用。
3. 起一鍋水加入排骨及藥膳包，開火後煮滾，轉小火續煮40分鐘。
4. 加入米酒一杯、薑絲及枸杞續煮十分鐘。
5. 熄火，加入適量鹽調味即可。

美味小秘訣

- 米酒最後下，不僅可以減少酒類用量，亦能保有酒香味。
- 枸杞最後放，可以讓湯色澤更好看，也不會讓枸杞的酸味出來。

EUCOMMIA

杜仲

酸 **苦** 甘 **澀** 辛 鹹 涼 麻

和竹碳粉有相似的作用

〔**別名**〕木棉、思仲

〔**主要產地**〕四川為主要產地。

〔**挑選**〕一般挑選炒斷絲的杜仲。

〔**保存**〕以常溫放置陰涼處，避免受潮即可。

杜仲在大家的印象中，最常與產後護理的坐月子食療連結，調理筋骨或是腰背疼痛的藥方或食療中也常出現，而以前傳統人家習慣泡上一甕的藥酒中，也肯定會有杜仲；甚至將杜仲炒黑碳化後，用於女性朋友經血過多，止血的調理也不難見到。而杜仲葉所做成的茶飲，則廣泛用於降三高，以及當成維持體態的保健茶飲。

老祖宗們習慣在使用杜仲前，會先有各種前製作業，不管是鹽水炒製，或是將杜仲炒黑碳化，斷其樹皮中的絲性後使用，均是講求其藥用價值。

長久以來，杜仲一直與藥材相連接，不太被認為還有什麼藥材之外的其他用法。

不過，提到食材染色，除了常見具有天然色澤的材料，如：紅麴、甜菜根、薑黃、或是綠色菠菜，以及染黑時常用墨魚粉、竹碳粉作為染色劑；除此之外，杜仲炒黑炭化後，研磨成粉也是另一種染色選擇，但因為取得不易，所以普及性相對較低一點，仍然是更常出現在藥膳燉品中。

為什麼要挑選炒斷絲的杜仲？

因生杜仲皮，折斷後會產生類似蠶絲狀一般的絲性，所以在使用前，通常會先用鹽水炒製，或直接炒製，斷其絲性後再使用。

杜仲麻油腰子

材料

- 腰子 一付
- 老薑 30g
- 胡麻油 40cc
- 米酒 半杯
- 鹽 少許
- 水 700cc

香料

- 杜仲 25g
- 當歸 5g
- 紅棗 3粒
- 枸杞 6g

作法

1. 腰子斜切厚片，稍稍汆燙備用。
2. 起一鍋水，放入杜仲、當歸及紅棗煮20分鐘後過濾，先煮成杜仲水。
3. 起一油鍋，放入胡麻油，先將老薑煸香。
4. 加入杜仲水、腰子、米酒及枸杞，煮滾後續煮兩分鐘熄火。
5. 以少許鹽調味即可。

美味小秘訣

- 加入枸杞及紅棗，利用自然甜味來中和杜仲及當歸的苦澀感。
- 枸杞最後放，可以讓湯色澤更好看，也不會讓枸杞的酸味出來。

酸
苦
甘
澀
辛
鹹
涼
麻

番紅花

世界公認最昂貴的香料

〔別名〕西紅花、藏紅花、鬱金香

〔主要產地〕伊朗、西班牙。

〔挑選〕色澤橘帶紅，香氣清香，乾燥程度佳。番紅花屬於超高價香料，通常以公克計價，購買時找有信譽商店，選購花蕊絲，盡量不要選購番紅花粉，以免買到假貨。

〔保存〕以常溫密封放置陰涼處，避免受潮即可。

若是說在古代，番紅花被用以編織入波斯王及釋迦牟尼的壽衣裡，大概大家對番紅花就沒有太多的興趣了；不過，若提到古時的印度人，都將番紅花的花朵作為禮佛之用，那看待番紅花的眼光可能就大不相同。

若從飲食的角度來談番紅花，肯定第一聯想到的就是西班牙海鮮燉飯。番紅花在中東及歐洲，很早即作為香料入菜，用在燉飯、燉菜、肉類、海鮮、甜點。

番紅花又名藏紅花或西紅花，是鳶尾科番紅花屬，單單聽到鳶尾科的植物，就已經覺得高貴非凡了，更何況每一朵花只採用三根細細的花蕊柱頭而已，據說要收集大約十五萬朵花的雌蕊，才能有一公斤的番紅花，也難怪以前形容番紅花有三個世界之最：一是世界上最好最貴的染料；二是世界上最高檔的香料；三是世界上最貴的藥用植物。是名副其實的「紅色黃金」！

番紅花原產在波斯，也就是現今的伊朗，產量仍是目前最多，而不是西班牙（產量第二）。西班牙是在西元九世紀由阿拉伯人引進栽種的，其他地方亦有少量栽種，在中藥材市場中，慣稱番紅花為西紅花或藏紅花，而不稱番紅花，這也就讓大家誤認為是西班牙或西藏所生產的，若說是西班牙所生產進口，倒還能說得過去，若將之誤認為是來自西藏地區，就有點烏龍了。

西藏地區並沒有栽種藏紅花，那為什麼又用藏字來命名呢？這是因為當時番紅花大多由西班牙或伊朗經印度傳入西藏，再由西藏轉運到內地各處，所以大家就把它稱為藏紅花或西紅花。

起初人們將番紅花作為染料及香料之用，其泡製出的湯汁呈金黃色，高貴非凡，曾被譽為帝王之色，在印度也將整朵番紅花作為供佛專用的花卉，在中國更將其做為油胭脂（口紅），是古代皇后、公主、貴婦人的最愛。但畢竟番紅花是一種高貴且稀少的香料，以上說的種種，大概也只專屬貴族之用吧！目前番紅花也用於供奉舍利子。

當然番紅花也是非常高貴的藥材，除了活血通絡、養血、化瘀止痛，還可通經墮胎，因此孕婦朋友若要使用，就需多加留意。

西班牙海鮮飯

材料

A
番紅花 3g
海鮮高湯 500cc

B
橄欖油 80cc
草蝦 12隻（去殼留殼與蝦仁分開）

C
洋蔥碎 50g
蒜碎 20g
番茄碎 50g
番茄糊 20g
白米 200g

D
淡菜 6顆
鮭魚肉切厚片 200g
中卷切段 1隻

E
黃檸檬角 少許
巴西利碎 適量

作法

1. 取海鮮高湯加熱，煮滾後放入番紅花，浸泡十分鐘以上備用。
2. 鍋內放入橄欖油，炒香蝦殼，並擠壓蝦頭使蝦膏美味釋出後，撈除蝦殼。
3. 同鍋放入洋蔥碎、蒜碎、番茄碎一起炒至香軟上色，再加入番茄糊與白米一起翻炒，接續倒入番紅花海鮮高湯，以小火燉煮約25分鐘。
4. 25分鐘後擺放上海鮮料D，蓋上鍋蓋繼續燜煮5分鐘，開蓋後放上黃檸檬、巴西利碎裝飾即可。

川紅花

目前市面上大概有三種紅花，除了鳶尾科的番紅花，還有一種菊科的「川紅花」，是藥舖大宗也較常用的一種，川紅花只單純入藥用，並不入菜，兩者價格相差近五百倍。第三種就是經染色過的假番紅花了，兩者外觀雖然相似，但有經驗的還是一眼即可看出差異，泡出的湯汁顏色也不太一樣，番紅花的茶湯為金黃色，假的番紅花茶湯則較偏橘色，香氣也不同，僅只外觀相似罷了，這點不可不知喔。

假番紅花之所以會出現，是因為真正的番紅花價格過於高昂，所以不肖業者為了要謀取暴利，以假亂真，不過也因為沒有實際效果，現今市面上假番紅花出現的機率也愈來愈少了。

GROMWELL ROOT

酸 苦 甘 澀 辛 鹹 涼 麻

紫草

小護士還沒出生它就存在了

〔別名〕山紫草、紫丹、紫草根

〔**主要產地**〕中國各地為主要產地。

〔**挑選**〕色澤呈明顯深紫色。

〔**保存**〕紫草一般以常溫保存，並無特別需注意之處，只需避免受潮即可。

〔**風味**〕性寒，調整色澤的首選。是麻辣鍋、麻辣燙等複方香料中必備的一味。能調整燥熱的辣鍋成溫和不燥，並可讓湯汁色澤看起來紅亮美味。

「紫草」堪稱是天然染色劑的始祖。早在小護士還沒出生前，各式防蚊蟲藥膏、或刀傷火燙傷藥都尚未普及之前，老祖宗早就在使用紫草了。

「紫雲膏」這一名詞既古老，但也尚保留在現今的日常生活中，因為有著抗菌活血涼血的效果，所以由紫草、當歸、胡麻油及蜂蠟所熬煮成藥膏，這帶著紫色的藥劑，從古到今，不管是對付蚊蟲咬傷、刀傷、火燙傷，一直有著堅固的地位。

也因為本身有著深紫色且帶著寒涼屬性，再加上有天然的防腐及去腥效果，所以在常見的滷水中，既扮演著防腐去腥的角色，也同時具有上色及調性味的效果。

在大家所喜愛的麻辣鍋香料中，常出現紫草同時與辣椒相輔相成，扮演著為料理增添色澤的重要角色。

紫雲膏

材料

A

當歸 35g

紫草 70g

胡麻油 700cc

B

黃蠟 150g

凡士林 75g

冰片 15g

預泡

先將當歸、紫草切小塊放入胡麻油中泡製。

高溫製作法

1 泡置一天的胡麻油，以小火加熱至約130度，持續約20分鐘後熄火，將當歸及紫草濾出。

2 過濾出的胡麻油，放置常溫冷卻。

3 待溫度回至約80度時，加入黃蠟及凡士林融化。

4 待溫度回至約60度時，加入冰片融化。

5 在冰片溶化後，尚未凝固前即可裝瓶。

中溫製作法

1 將材料當歸、紫草切小塊放入胡麻油中泡製，放置常溫泡製一週。

2 小火加熱至約100度後即可熄火，將當歸及紫草濾出。

3 過濾出的胡麻油，放置常溫冷卻。

4 待溫度回至約80度時，加入黃蠟及凡士林融化。

5 待溫度回至約60度時，再加入冰片融化。

6 在冰片溶化後，尚未凝固前即可裝瓶。

低溫製作法

1 將材料當歸、紫草切小塊放入胡麻油中泡製，放置電鍋按至保溫。

2 保溫期間，溫度需維持60~70度之間，靜置三天。

3 將當歸及紫草濾出。

4 過濾出的胡麻油，加入黃蠟、凡士林融化及冰片融化。

5 尚未凝固前即可裝瓶。

1

2

3

4

6

《 注意事項 》

- 製作好的紫雲膏，請以冷藏保存，以免放置時間過長，出現油耗味。
- 亦可用橄欖油、香油或沙拉油取代胡麻油。
- 若要讓紫雲膏質地更軟，可適當增加凡士林比例。

酸
苦
甘
澀
辛
鹹
涼
麻

薑黃

炸雞上色最佳利器

〔別名〕鬱金

〔主要產地〕印度、印尼及中國為主要產地。

〔挑選〕色澤明亮呈正黃色或橘黃紅色。

〔保存〕一般新鮮的薑黃，冷藏即可保存一段期間；若是乾燥的薑黃片或薑黃粉，只需常溫保存。

薑黃這個原產於熱帶及亞熱帶地區的植物，在三千年前早已被印度這個文明古國所使用，當藥用也當香料用，是純天然的染色劑，更是近年來被追捧的養生聖品。

薑黃、孜然與芫荽子，又被稱為咖哩三寶！所以每每提到咖哩，第一個聯想到的便是將咖哩染成黃色的薑黃。

在食品的天然染色劑中，薑黃的染色效果極佳，是少數穿透力佳及不易褪色的天然染料，不管是外國風行進台灣的印度咖哩，還是本土古早味的粉粿，或者傳統菜色的鹽焗雞，就連大小朋友都愛的炸雞，為了使商品賣相更好，薑黃的角色扮演也不缺席！

薑黃有效成分為脂溶性，所以在使用上，通常建議與有油脂的食材一同料理。新鮮薑黃適合直接入菜；乾燥薑黃片，通常研磨成粉狀，方便與其他香料一同搭配。

薑黃三杯雞

材料

仿土雞	半隻
鮮薑黃	100g
蒜頭	20粒
蔥	2支
九層塔	少許

胡麻油	50cc
醬油	70cc
米酒	1杯
冰糖	適量
水	適量

美味小秘訣

雞肉油炸後再炒，會讓雞肉更緊實、更有咬勁；蒜頭油炸後更能保持顆粒原狀。亦可不經油炸直接入鍋炒製。

作法

1 雞肉洗淨切塊，瀝乾或擦乾水分；蒜頭脫膜。

2 起一油鍋，先將雞肉及蒜粒過油微炸一下，瀝乾油。

3 鮮薑黃切片，蔥切段，九層塔取葉備用。

4 另起一油鍋，倒入胡麻油並先煸炒薑黃片，待香氣出來後，再加入雞肉，炒至雞肉半熟。

5 加入醬油、米酒、蒜粒、冰糖與適量的水，蓋上鍋蓋燜煮。

6 其間偶爾翻炒一下，以便均勻入味。

7 待收汁之後，加入蔥段及九層塔翻炒一下，即可起鍋。

脆皮炸雞翅

材料

三節翅 約2斤
蒜仁 30g
全蛋液 2顆
米酒 50cc
低筋麵粉 60g
胡椒鹽 適量

香料

薑黃粉 3g
肉桂粉 5g
五香粉 3g
香蒜粉 15g
胡椒粉 5g
鹽 3g

調味料

低筋麵粉 150g
卡士達粉 60g
地瓜粉 25g
在來米粉 15g
香蒜粉 6g

美味小秘訣

- 將雞翅清洗後，先泡入鹽水中，可讓炸出來的雞翅更加入味。
- 醃肉醬加入少許的薑黃粉，可以使炸雞翅色澤更加漂亮。

作法

1. 雞翅清洗乾淨後，泡入1%的鹽水中20～30分鐘，瀝乾備用。
2. 蒜仁、全蛋液、米酒用果汁機打勻。
3. 將所有香料粉拌入步驟**2**，調成醃肉醬。
4. 將雞翅肉拌入醃肉醬，均勻吸附醬汁，冷藏一夜入味。
5. 將調味料拌勻，調成脆皮粉備用。
6. 醃製入味的雞腿肉，先拌入低筋麵粉，靜置3分鐘，增加黏稠度。
7. 均勻裹上脆皮粉後，稍稍回潮一下，即可入油鍋160～170度，小火維持油溫約6～8分鐘即可出鍋。
8. 撒上適量胡椒鹽即可。

2-2 異香作用

臭豆腐聞起來很臭，但經過高溫油炸產生的物理化學變化，吃起來就不再是臭的了！不單單是臭豆腐、臭鱖魚、螺絲粉…，各地美食其實都有相類似的經驗法則。

所以香料亦有相類似的用法，或許聞起來真臭又或是假臭，用異味來達到增香的用法，也是其中一種。每個人對於氣味的詮釋不盡相同，但追求美味的目標卻是一致的。

甘松香
阿魏

酸
苦
甘
澀
辛
鹹
涼
臟

阿魏

五味雜陳難以形容的一種香料

〔別名〕臭阿魏、哈昔尼、臭膠

〔主要產地〕西亞、新疆。

〔挑選〕無雜質，氣味猶如發酵的蒜頭及蔥爛味。

〔保存〕由於阿魏的氣味相當重，所以塊狀的阿魏膠或阿魏粉在保存時，盡量以密封瓶或數層的密封袋封存，以免氣味外溢，影響其他食材或香料的香氣。

〔風味〕常用於海鮮與咖哩；對於海鮮有不錯的去腥作用，而加入咖哩配方與其他香料混合後，味道會變得柔和許多。

古語有言：「黃芩無假，阿魏無真」—但卻有真臭！

黃芩的價格很便宜，所以不會有假貨，但真阿魏難尋，所以到處都有假貨，因早期阿魏都是從中亞所進口，中原一帶並無出產，當時因交通不便，再加上路途遙遠，假阿魏特別多，拿其他樹脂類的物品來欺騙消費者，也就時有所聞。不過真的阿魏卻有真臭，亦能抑制其他的臭味，這大概就是以毒攻毒吧。

不過我們卻發現，其實阿魏在印度咖哩香料中並不陌生，運用的機率也不算低，不過在所謂的中式香料裡，甚少見到其蹤跡，歸咎其原因，還是其散發出的獨特氣味…（或說是臭味）。

大家都說阿魏很臭！阿魏的味道，就像味道很濃、爛韭菜、爛蔥及爛大蒜的綜合體，至於臭不臭，則就見仁見智。

就如我們常吃的臭豆腐一般，聞起來是有夠臭，但一經油炸、清蒸或其他烹調之後，入口的感受便截然不同。阿魏的特性是，一經高溫，或經過熱油煸炒後，原本爛韭菜、爛蔥及爛大蒜的味道，就會轉變成蔥香及蒜香味了，或經由和其他香料重新組合之後，香氣的呈現也會令人耳目一新。

以前有逐臭之夫，現代人何嘗不是如此！所以，臭豆腐、魚露，是香、是臭，妳說呢？臭與香，其實就在一線之隔。

阿魏肉排

材料

- 豬梅花肉 200g
- 中筋麵粉 100g
- 蛋黃 2顆
- 麵包粉 100g

醃漬料

- 阿魏 2g
- 紅腐乳 15g
- 白糖 3g
- 紹興酒 30g
- 胡椒粉 少許
- 味精 少許

作法

1—阿魏磨成粉、加入紅腐乳、白糖、紹興酒、胡椒粉、味精拌均勻備用。

2—豬梅花肉切片，敲打鬆弛，與醃漬料拌勻醃一小時。

3—取出醃漬好的豬排，依序沾上麵粉、蛋黃、麵包粉。

4—以180度油炸約2分半鐘後取出即可。

酸 **苦** **甘** **澀** 辛 鹹 涼 麻

甘松香

愛恨分明的一種香料

〔**別名**〕香草、松香

〔**主要產地**〕甘肅、青海、四川為主要產地。

〔**挑選**〕麝香味或松節油味道明顯。

〔**保存**〕常溫放置陰涼處保存即可；但要注意多套幾層塑膠袋，以免氣味外洩，一般人可是會不習慣這種香氣的喔。

〔**風味**〕全株植物具有強烈的像是松節油混合麝香的香氣。常用於甘草瓜子、滷包、麻辣鍋中，少量使用可帶來畫龍點睛的層次感。

有麝香味，也有人說是狐臭味的草—甘松香，全株植物具有強烈的像松節油加麝香所混合的香氣，由於香氣濃烈，喜愛這氣味的，會覺得是香氣濃郁，不喜歡的，則覺得這氣味非常的臭。讓人愛恨分明，有著如此特殊氣味的香料，應該無法與年節應景零食—瓜子有所關連才是。

甘松香作為香料，較少單獨使用，也不常被使用，不過在老三家藥舖中，甘松香算是成名較早的一員。家父早年為某大食品廠研發的甘草瓜子，其香料配方中，甘松香和甘草是並列兩大重要的成分，甘草雖然帶有甜味及甘味，不過香氣卻略嫌薄弱，由於甘松香的氣味濃郁，雖然份量下得不多，卻可以彌補甘草在香氣上的不足，再綜合其他香氣，具有畫龍點睛的效果！可以說是一種奇妙的搭配。

甘松香早期並不常做為香料使用，比較會出現的香料配方中，就屬複方香料—大家耳熟能詳的百草粉了，但由於川式料理及麻辣鍋在台灣的興起，目前的火鍋香料配方中，甘松香也常和靈香草、排草一起出現，尤其是近年來的麻辣鍋香料，已算是常見的基本咖。這三種香料由於常在香料配方中一起結伴出現，所以也號稱香料界的三兄弟！為近年來的新興香料之一。

除了作為香料，甘松香也被運用在漢方的面膜粉，慈禧太后愛用的玉容散中，甘松香也是成員之一；而近年來夏季流行的環保驅蟲包，甘松香也藉著它的獨特氣味而佔有一席之地。

2-3

苦澀抑腥增香

用苦味來增加香氣的層次感，用苦味來去除或壓抑食材本身的氣味，或是用苦味為原食物增添風味，不管是嗅覺所表現出的氣味，或是味覺所感受到的風味，能錦上添花也好，能畫龍點睛更棒，都是這類香料想盡的另一種本份。

木香
白果
五加皮
一口鐘

酸

苦

甘

澀

辛

鹹

涼

麻

木香

麻辣鍋的秘密武器

〔別名〕蜜香、廣木香

〔主要產地〕印度、巴基斯坦、雲南、兩廣、四川等地。

〔挑選〕苦味明顯，但香氣帶有一絲絲蜜香者為佳。

〔保存〕常溫保存即可。

〔風味〕木香很苦！（老木香甚至比黃蓮更苦），帶有淡淡蜜香氣味，溫中和胃，用量不需多，若比例拿捏得當，湯頭會很有層次。主要用於提香、不取其苦，是偏重藥材香味濃郁型麻辣鍋湯頭裡的必備成員。

明朝的李老先生說木香香氣如蜜，所以也稱為蜜香，這也就是為什麼說木香是麻辣鍋的秘密武器了！不過，雖然說香氣如蜜，也就僅止於用聞的而已，因為木香嚐起來卻是苦的。

木香目前在台灣，大部分還是偏重在藥用市場，香料的運用上，雖然也常出現在一些複方香料中，但由於木香帶有一股非常明顯的苦味，雖然有著提香作用，但稍一不慎，就容易帶出明顯的苦味，所以它常常會被忽略，或是乾脆捨棄不用，實在有點可惜。

我曾對目前台灣現有的麻辣鍋香料組合及香氣，粗分為三大類，即：藥香型、滷香型及混合型。而在藥香型的麻辣火鍋中，這種偏重藥材香味及濃郁的湯頭，木香是除了常見的當歸、川芎這類偏藥膳相型的香料外，必備的配方之一。

木香還有另一個較大用途，台灣人禮佛、敬佛，總愛燒香拜拜，相關的佛具用品，在台灣形成一塊不算小的市場，拜拜用的香，當然也是不可或缺的商品之一，很多植物的根、莖、花或是樹幹，如沈香、檀香、木香⋯⋯，由於具有特殊香氣，皆常用來製作禮佛用的香粉，或是拜拜用的線香材料。

菊科草本植物多年生的木香或川木香，為風毛菊屬或川木香屬乾燥的根，而另一種青木香，屬於馬兜鈴科，因含有馬兜鈴酸，長期使用會損及肝腎功能，衛生署早已明文禁止使用，所以在此介紹之木香，均屬菊科植物的木香，使用上安全無虞。

酸

苦

甘

澀

辛

鹹

涼

麻

一口鐘

形如其名的香料

〔別名〕一口盅

〔**主要產地**〕雲南、廣西、四川為主要產地。

〔**挑選**〕無霉味或陳味。

〔**保存**〕以常溫保存，避免受潮即可。

〔**風味**〕多運用其苦澀味，有去除肉類腥味的作用。

一種快被遺忘的香料，在台灣幾乎不見人使用，甚至極大部分的朋友連聽都沒聽過，更別說見過這香料的廬山真面目了，但在對岸的滷水中，偶會出現其蹤跡，不過倒不是為了滷水的增香使用，反倒是利用其本身苦澀的特性，來壓制肉類的腥羶味，對於增香基本上是沒有加分作用的。

但也就是因為被取代性高，所以這香料在市場上出現的機率就愈來愈低，目前僅止於一些對岸大型的乾貨市場上能見到，而台灣幾乎不見蹤影，也就被大多數的朋友忘記曾經有這樣的一種辛香料出現了。

第一次接觸一口鐘這香料，應該是十餘年前，在成都的五塊石市場所見到的，由於成都位於大陸東西交會之處，所匯集及所使用的中式香料種類，大概是兩岸各城市中，種類最豐富也最多的一個城市。在成都的大型香料市場，可以收集到不下六、七十種的各式香料，所以在這十餘年的教學之中，成都的香料市集，大概是每年必定拜訪之處。

由於一口鐘的外型特殊，很難不對它產生興趣，但出了四川，一口鐘的出現機率相對就較低了，這也因應了四川地理的特殊性、飲食及食材的多樣化，對於一些平常少見或是少聽到的辛香料，在這均能找到相對應的用途及出處。

酸
苦
甘
澀
辛
鹹
涼
麻

五加皮

被年輕朋友遺忘的養生藥酒

〔別名〕五佳、白刺、香皮

〔**主要產地**〕湖北、河南、安徽等地。

〔**挑選**〕無霉味或陳味。

〔**保存**〕一般以常溫保存，並無特別需注意之處，只需避免受潮即可。

說到五加皮，很難不聯想到廣告台詞說的一種藥酒，但現今的年輕朋友老早就忘了，真的還有這款養生藥酒的存在，而這類的藥酒，不限於一種配方，而是有多種組合，大致上可分為滋補或舒筋活血。

滋補好喝的藥酒，通常會加入一些甜味好入口的藥材；而舒筋活血的藥材，一般偏向帶有酸澀的味道，所以泡製出的藥酒，也較難入喉。雖是一種老藥酒，卻不是年輕朋友有興趣的那一種。

對於用藥酒養生，這記憶還存留在老藥舖的記憶當中，卻不是這一世代的共同回憶。

五加皮的使用，多半還是作為藥材，由於本身不帶香氣或特殊氣味，只有苦味與澀味，之前曾提到，台灣的香料使用習慣，多半以增香為主，對於去除或抑制腥味的香料著墨較少，這與我們使用的食材當然有著密不可分的關係。

而五加皮作為香料使用時，雖沒有太明顯的增香作用，不過還是賦予香皮的稱號，主要利用其明顯苦與澀的味道，來達到抑腥增香的效果，尤其在內地的川味火鍋堪稱代表。因炒製麻辣底料，常需使用到大量牛油，而川味火鍋中，牛油若是使用進口牛油熬製，就又少了那一股特殊的香氣，為了保留特色講求道地，當地的火鍋底料多半還是會選擇本地所養殖的牛脂為主。

而大陸本地養殖的牛，牛油中「牛味」偏重，所以在炒製火鍋底料時，為了要消除或抑制這類異味，五加皮這類以苦澀來達到抑腥增香效果的香料，就常會被用上；但也要避免過量，反而造成苦澀味的出現，在用量上要細細斟酌。

酸 苦 甘 澀 辛 鹹 涼 麻

白果

近年很夯的保健品

〔別名〕銀杏、公孫樹、鴨掌樹

〔主要產地〕中國。

〔挑選〕乾燥程度佳且色澤明亮。

〔保存〕目前白果皆以進口為主，台灣目前尚未有本產貨，建議冷藏保存為佳。生食有微毒，不宜大量生食，宜烹煮後再食用。

這個在中國已使用超過兩千五百年，藥食兩用的果實，算是一種東方特有植物，在運用上與其說是藥材，倒不如當作食材還比較貼切，尤其在兩岸三地及日本，簡直被當作一種養生食品。

西方則到十七世紀才傳入歐洲，由於醫學界對於銀杏葉的研究愈來愈多，也證明在某些疾病的治療及預防上，有一定的成效，所以在近數十年來，西方國家也開始將白果做為食材使用，就連醫學界也大量將銀杏葉使用在醫療方面。

白果比較不以香料角色來看待，而是當成食材，料理的運用方式則相當多元，煮粥、入菜、燉湯、烤食、甜點、蜜餞、釀酒⋯皆可。不過，白果雖然好吃，但在秋末時，成熟過度白果的果實外皮，因發酵所產生的味道實在不是很好聞，酸酸臭臭的，很難和銀杏這麼優美的名字聯想在一起。

要注意的是，白果應避免生食及大量的食用，有可能造成中毒的情形發生，需掌握小量及熟食兩個原則，就可放心食用。

在台灣要見到銀杏樹的機會並不多，近十餘年來，在農業相關單位的大力推廣下，目前在南投鹿谷鄉的部分茶園，已可看見成片的銀杏林混種在其中，形成一種特殊的景象，相信在未來老三的孫子出生後，應該就可吃到真正台灣本土產的白果了！公孫樹果然名不虛傳！

白果瘦肉粥

材料

白果 50g
豬肉絲 150g
乾白木耳 5g
米 200g
蔥花 適量

調味料

鹽 少許
雞粉（或味精） 少許
胡椒粉 少許
香油 少許

作法

1 — 白果洗淨，豬肉切絲。
2 — 白木耳泡冷水，膨脹後切去蒂頭，切成大粗顆粒狀。
3 — 將米一杯洗淨後，加2公升水及白木耳一同煮。
4 — 用瓦斯爐煮滾後，轉小火續煮，需不斷攪拌以免燒焦，用電鍋亦可。
5 — 待粥品煮至半熟後，加入白果。
6 — 最後五分鐘加入豬肉絲。
7 — 熄火前加入鹽、雞粉或味精少許調味。
8 — 淋上香油，撒上蔥花及胡椒粉即可。

《 注意事項 》

- 如果要吃到更滑順的口感，白木耳泡水後，可加少許的水，用果汁機打碎，或切得更碎；或者白木耳預先煮熟後，再倒入白米一起煮粥。
- 加入些許白木耳可增添滑順口感，並補充植物性膠原蛋白。
- 若不喜歡白果口感可減少份量，或用蓮子代替。

2-4 調性味作用

在中式香料中，大多數的香料屬性，多偏向溫性或熱性。

隨著四季變化，難免會遇到季節與香料使用上性味不符的狀況，或是香料整體搭配上產生苦澀的現象，這時就需要藉助一些可以調整溫熱屬性的香料，或是改善苦澀味的用法，以及增添甜香氣息的香料！

這些性味上的平衡搭配，都是我們在運用中式香料時，必須多加考慮的一個環節。

薄荷
檳榔子
羅漢果
金銀花
甘草
菊花

酸 苦 甘 **澀** 辛 鹹 **涼** 麻

金銀花

吉祥富貴的香料

〔別名〕雙花、忍冬花、銀花

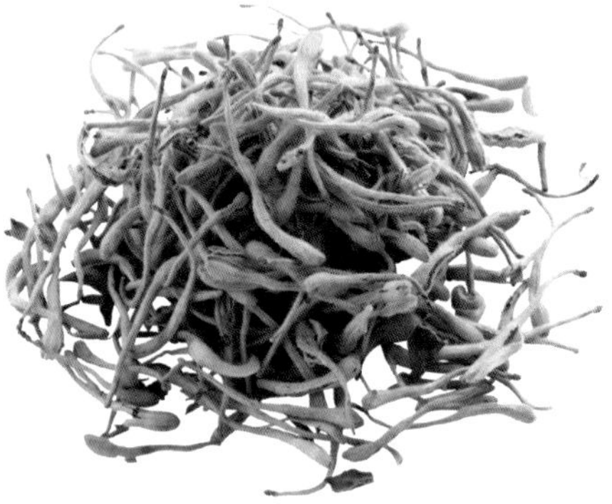

〔**主要產地**〕台灣、中國及日本均有。

〔**挑選**〕香氣清香，金銀色澤明亮，無暗沈色。

〔**保存**〕以常溫保存，避免受潮即可；若要長時間保存，建議密封冷藏為佳。

因為屬性寒，有清熱解毒，抗菌消炎的藥效，所以當年在SARS期間，「金銀花」與「板藍根」同時為聲名大噪的兩種藥材！

這個有著富貴名字的香料藥材，因為開花時，初起為白色，慢慢成熟後轉黃色，也同時能在同一植株上見到這兩種顏色，所以稱金銀花。

有著清熱解毒、暑熱消暑的效用，是常見的感冒用藥，也因屬性偏寒，能消腫痛，所以也算是天然消炎藥的一種；日常中也被用來與水蒸餾成金銀花露，當成夏季清熱解暑解渴的保健茶飲，或是萃取成精油使用。

另外這幾年夏季流行的天然驅蚊香料包中，也常與甘松香、艾草……一同搭配使用。再來就是利用其寒性的特點，在複方香料中常用來調整整體的香料屬性。

驅蚊香包

材料

艾葉、白芷、紫蘇葉、薄荷、藿香、金銀花、靈香草、甘松香各10g

作法

1. 所有香料用透氣不織布袋裝起即可。
2. 當藥材香氣減弱時，無須丟棄，只需再次搓揉香包，讓裡層香氣再次飄散出來。
3. 可反覆搓揉數次。

金銀花紅棗茶

在夏季，總會出現眾多的飲品，來消除炎炎夏季的酷暑感，不管是傳統的青草茶，還是火鍋必備的涼茶及烏梅湯，都是以涼性辛香料為出發點，來中和偏溫熱食材，或是降火氣。

在講求茶飲的口感之時，又難免在無形中攝取過多的糖類，如果以自然紅棗所帶出的微微甜味以及微微補氣效果，加上金銀花來降火氣，既能消暑又不擔心攝取太多糖，是夏季另一種不錯的茶飲選擇！

材料

金銀花 3g
紅棗 5粒
水 1.2公升

作法

1 將所有材料用清水洗去灰塵。紅棗剝開。
2 起一鍋水放入所有材料，開火煮滾。
3 轉小火續煮15分鐘，熄火過濾即可。

美味小秘訣

- 紅棗剝開後再熬煮，可減少熬煮時間。

薄荷羊肉

材料

羊肩排 1付
海鹽 3g
迷迭香 2g
蒜片 10g
紅酒 30cc
薄荷梗 適量

薄荷醬

燙過殺菁的薄荷葉 100g
玄米油 100cc
糖水 100cc
鹽 2g

作法

1. 羊肩排去除筋膜後，與所有材料一起搓揉醃漬一晚。
2. 薄荷去梗取葉，煮一鍋熱水，旁邊備用冰塊，薄荷葉分次殺菁速入冷水冰鎮，擠乾水分備用。
3. 依序適量取少許薄荷葉放入果汁機，加入玄米油、糖水攪打均勻，最後以鹽調味。
4. 取出羊肩排，抹除醃漬物，放入熱鍋煎至表面金黃，放入180度烤箱烤18分鐘後，取出靜置5分鐘。
5. 切開煎好的羊肩排，與薄荷醬搭配食用。

酸

苦

甘

澀

辛

鹹

涼

麻

菊花

與枸杞搭擋護眼好

〔別名〕黃花、秋菊

〔主要產地〕河南、安徽、浙江、台灣為主要產地。

〔挑選〕花朵完整、香氣清香，無霉味或酸味。使用前建議先以熱開水沖洗一下、去除灰塵較為妥當。

〔保存〕通常以常溫保存，若要長時間保存，建議先以密封袋包裝後，再放至冷藏，可延長保存期限，並減緩香氣揮發的速度。

翻著一張張兒時黑白的老照片，照片中的阿嬤永遠都梳著包包頭，也永遠都是旗袍式的連身服，仔細看，會發現阿嬤以前所拍的照片中，身旁都會出現一盆盆親手栽種的菊花。

菊花！是老三家阿嬤的最愛，記憶中，家中的老藥舖還是平房時，阿嬤總是愛在一旁的花圃種些花花草草，每年清明節過後，阿嬤都會將去年已開過的菊花，重新剪下成為一截一截，再插進另一盆栽中，以便控制在來年的春節，家中會有一盆盆盛開的菊花，年年如此，不曾間斷過。

說到枸杞的好朋友，大家一定都知道，肯定就是菊花。在很久很久以前的古代，文人雅士愛花，不管是牡丹或芍藥，當然也愛菊花，說什麼也要附庸風雅一番，三不五時還要來杯菊花茶，保護眼睛，要不然以前沒有電燈，看書可是很傷眼睛的喔！除了喝菊花茶外，也將菊花、枸杞等藥材蜜成丸，以便帶在身邊，隨時護眼一下，總之有關眼睛的事，通通都交給菊花了。

而現代人除了愛賞花，愛喝菊花茶來清清炎夏的暑熱外，也將菊花帶入菜餚，變化成菊花宴，更將菊花做成台灣人最愛的火鍋！從古至今，大家對菊花的運用，隨著時代進步反而有更豐富的變化。

不僅如此，也常利用其性味偏涼，被當成調整溫熱屬性的香料。在台灣，菊花算是一種經濟作物，不過在兩岸所種植的菊花早些年皆遇到相同的情況，就是農藥殘留的問題，農藥檢驗不過的事情不時發生，也一直困擾著消費者。

目前對岸所生產的菊花，若要進口至台灣，進口商皆須出示檢驗報告，而我們這裡的菊花栽種農戶，這幾年也積極與農改場配合，針對病蟲害及農藥的用量與殘留問題，加以控管與改善，讓我們現在使用菊花時能更加放心。

菊花果凍

材料

菊花　5g
溫水　2公升
吉利丁片　5片

作法

1 吉利丁片泡冰水軟化；菊花加入溫水泡出味道。

2 吉利丁片取出擠乾，菊花水加熱至略滾就關火，加入吉利丁片溶解。

3 將步驟**2**倒入模具冷卻，放入冰箱2小時。

2-5

甜味作用

在中式香料料理中，尤其是藥膳料理，因為配方常包含多種香料或是藥膳藥材，而這些材料本身或多或少都帶有一股或淡或濃的苦澀感，所以更常藉助這類有甜味的辛香料或藥膳藥材，來調整整體的料理風味更加美味順口。

羅漢果
枸杞
黃耆
甘草
紅棗

當歸枸杞酒

（泡製）

在台灣的道地小吃中，尤其是眾多的湯湯水水，常見最後以香菜、胡椒粉來提香氣，有的是單獨使用，有的是混合使用，為小吃增加更有層次感的香氣，也不乏滴上些許米酒來增加酒香的，如：四神湯、羊肉湯、當歸鴨……。

這時，如果換成以當歸枸杞酒，來取代米酒的角色，更能畫龍點睛，為湯品帶來加分的美味。

材料

當歸 15g

枸杞 20g

米酒 1瓶

作法

1. 當歸、枸杞用米酒洗去灰塵。
2. 將當歸、枸杞放進米酒中。
3. 浸泡一周即可使用。

酸

苦

甘

澀

辛

鹹

涼

麻

紅棗

是水果也是零食的辛香料

〔別名〕大棗

〔**主要產地**〕中國北方、新疆、台灣苗栗。

〔**挑選**〕依品種不同，果粒外觀有明顯差異性，以顆粒完整無發霉為佳，宜選乾燥程度好，果香甜味明顯。若為去子紅棗，注意不要選擇顏色過於鮮豔，及無刺鼻味的紅棗，以免買到燻硫黃的去子紅棗。

〔**保存**〕保存時應放置冷藏。

紅棗，是水果也是零食，更是中藥材！

它雖不大，不過用途卻不小，紅棗存在於我們的歷史已超過兩千年，而在我國最早的醫學專書《神農本草經》中將其列為上品，就現代科學研究，紅棗除了有豐富的營養成分外，最為特別的是，新鮮紅棗中的維生素C，是所有水果中含量最高，堪稱為百果之王，有天然維生素丸的封號！也難怪老祖宗在千百年前早就將它列為～五果之王！

紅棗顧名思義就是果實成熟時，會成紅色，所以稱之為紅棗，也叫做大棗，不過大棗依加工方式的不同，而有紅、黑棗之分。

紅棗是採收後的棗子，經曬乾即可；黑棗則是經沸水煮沸汆燙後，再以燻焙方式至棗皮變成黑色而成。一般若做為配方之用，通常選用紅棗；若入滋補藥之用，大多選用黑棗。

紅棗千百年來，在華人地區一直很紅，也長驅直入的進駐在婆婆媽媽家的冰箱中，不管是守護家人健康的養生茶飲，或是媽媽拿手的藥膳燉品，還是各大餐廳的養生料理，幾乎都可見到紅棗，有時還不只是為了養生需求或是增添料理美味，更希望為料理帶來視覺上的效果，紅棗、枸杞這類討喜帶有紅色又帶著甜味的藥材，就是最佳配角了！

而這紅棗近年來也成為台灣的經濟作物之一，是水果也是藥材、香料呢！更加神奇的是，就連現在市面上各種火鍋，也將它視為增添視覺的配鍋香料所不可缺，似乎有了它，就是養生的等號。

下次當您外出品嚐麻辣火鍋之時，低頭瞧瞧鍋底內是否也有出現～紅棗嘿！

銀耳露

材料

- 乾白木耳 50g
- 紅棗 15粒
- 枸杞 20g
- 冰糖 220g
- 水 3.5公升

作法

1. 白木耳泡水一小時，膨脹後，剪去蒂根。
2. 加水3.5公升及紅棗，煮開後轉小火續煮一小時。
3. 加冰糖，小火續煮十分鐘。
4. 最後再加入枸杞小煮一下即可。

美味小秘訣

- 枸杞宜在冰糖後再加，因枸杞微酸性，容易影響木耳出漿。
- 木耳宜選購微黃，不選購偏白。

◆藥膳紅燒羊肉爐

材料

帶皮羊肉 2斤
老薑 50g
辣豆瓣醬 100g
黑麻油 50g
米酒 1瓶
鹽 適量
水 2.5公升
各項蔬菜及火鍋料

香料

羅漢果 5g
熟地 15g
玉竹 15g
當歸 10g
川芎 10g
黃耆 10g
枸杞 10g
何首烏 8g
肉桂 5g
紅棗 5粒
桂枝 5g
甘草 3g

沾醬

辣豆腐乳醬 1大匙
甜豆腐乳醬 1大匙
辣豆瓣醬 2大匙
二砂糖 適量
黑麻油 適量
蔥花 適量

作法

1 藥材香料裝進棉布袋中，收口處綁緊，但棉布袋裡須有空間讓藥材伸展，以利藥材香氣能順利溶出。

2 帶皮羊肉汆燙，老薑切片或拍扁備用。

3 起一油鍋，加入麻油煸香老薑後，再加入辣豆瓣醬一同以小火煸炒。

4 待辣豆瓣炒出醬香味後，即可加入羊肉續炒至羊肉表皮變色。

5 起一鍋水，加入藥膳包、炒香的羊肉及半瓶米酒，燉煮約90分鐘。

6 加入另外半瓶米酒續煮，至羊肉熟透即可，加入適量的鹽做最後調味。

7 加入蔬菜及各式火鍋料煮熟即可。

調製沾醬

將辣豆腐乳醬、甜豆腐乳醬、辣豆瓣醬、二砂糖，黑麻油一起調勻，再拌入蔥花即可。

《 美味小秘訣 》

- 使用羅漢果，可以取代味精或冰糖的使用，讓湯底釋放出自然的甜味。

酸
苦
甘
澀
辛
鹹
涼
麻

甘草

大家公認最甘草人物的香料

〔別名〕國老、美草、國老草、甜根子、甜草

〔**主要產地**〕甘肅、內蒙、新疆。

〔**挑選**〕片狀完整，甜味持久，且中心無明顯木質化。

〔**保存**〕目前在市面上較少成條的甘草根，常見為加工後的甘草片及甘草粉，常溫保持乾燥即可，甘草粉還是盡量以瓶裝保存為宜。

〔**風味**〕天然的代糖。以香料出現時是生甘草，用於涼茶、水果、梅子粉中；以蜂蜜炒過則為炙甘草，常用在方劑或補湯。

這個就像咱ㄟ勞工朋友維士比、保力達一樣，百搭百宜，「什麼都可以加，就只有農藥不能加」，以這句話來形容甘草，應該最貼切不過了。它有可能是世上運用面最廣的香料藥材之一！

老祖宗把它當作藥用的歷史非常悠久，大約在二千多年前就開始使用，認為甘草有調和諸藥的效果，所以給它一個「國老」的稱號，以彰顯它的地位及藥用價值，根據非正式的統計，在中醫處方中，大約有60％都含有甘草的存在！可見中國古代醫家對甘草的使用有多廣泛。而在西方，使用甘草的歷史雖然沒有我們的久，但也有上千年左右。

甘草算是大小通吃，老老少少都知道的香料，也是一種極為普遍的藥材，但用途之廣，超乎你我的想像，就連在西方醫學常用的感冒藥水中也是一種重要成分。從老祖宗將它當作藥材使用開始，歷史不斷前進，甘草的使用層面也不斷被擴大。到現在，可算是中醫藥方及香料界的好朋友，什麼藥方及料理都要加一點來調整一下味道，就連路旁檳榔攤的調料都能看到甘草。

中醫藥認為生甘草，有著清熱解毒、潤肺止咳、調和各種藥性⋯等特性。所以在傳統的中藥房中，千百年來甘草一直靜靜的躺在藥櫃一角，本份的盡著該有的角色，也一直是藥方或是保健藥膳的好搭檔，並沒有太大的變化，不過在食品及相關的加工業還有現代醫學中卻有著廣泛的發展。

就如同甘草的別名一般：甜草、粉草、蜜草、美草⋯，其運用範圍極廣。由於濃縮後的甘草甜度，是一般砂糖的百倍，所以常被用於取代砂糖的甘味劑，其他像精緻糖果、蜜餞醃製、飲料、酒類、煙草調味⋯等，都可見到甘草的存在，甚至在化工及印染業，甘草也用得上，用途之廣實在超乎大家的想像。

古早味番茄切盤

材料

- 黑葉番茄　3個

沾醬

醬油　少許
太白粉　少許
老薑　適量
白糖粉　少許
甘草粉　少許

作法

1. 將醬油：水＝「1：3」的比例煮開，加入些許的太白粉勾芡備用。
2. 番茄洗淨後，切成一口適合的大小擺盤。
3. 老薑磨成泥。
4. 將老薑泥、甘草粉及糖粉加入煮過的醬油拌勻即可。

酸
苦
甘
澀
辛
鹹
涼
麻

黃耆

老祖宗的智慧茶湯

〔別名〕綿耆、北耆、晉耆

〔**主要產地**〕蒙古、河北、甘肅、四川。

〔**挑選**〕大片完整，膠質厚實。

〔**保存**〕密封冷藏保存。

〔**風味**〕性溫、味道甘甜，不熱不燥又含有黃耆多醣體，被認為是能強身健體的香料藥材，最常用於養生茶飲與燉品，雞湯放入幾片即能增香增甜。

有的書籍稱「黃耆」為諸藥之長，也有其他說是補藥之長，不管何種稱號，也就是說，「黃耆」是補中益氣藥中的第一名啦！

這個長相看起來普普通通的豆科植物根，切片後與我們熟悉的甘草片有點相似，具有補中益氣、增強機體免疫功能、利尿、抗衰老、保肝、降壓作用、預防感冒…等多種好處。

黃耆在婆婆媽媽的廚房中幾乎是必備的藥膳食材，同時也是老祖宗的智慧流傳，紅棗、黃耆與枸杞的搭配，說不出處方名稱，不管是燉煮湯品或是沖成茶飲來做日常保健，這個在以前沒有名稱的茶飲，老早在藥舖體系中傳承千百年了，直到近年來才被某位醫學教授冠名為—安迪湯。

市售的黃耆大致分兩大類—北耆與晉耆，北耆又稱白皮耆，晉耆又稱紅皮耆。一般藥用多以北耆為主；藥膳食療或是茶飲，則用晉耆為多，因為味道較為甘甜，豆腥味也較淡，適合入湯品或茶飲，湯頭較為甘甜，所以市售也以晉耆為大宗。

老祖宗養生茶

材料

- 黃耆 15g
- 紅棗 10粒
- 枸杞 20g
- 水 2公升

作法

1. 將黃耆、枸杞及紅棗用清水洗去灰塵。
2. 起一鍋水放入材料，煮滾後轉小火續煮20分鐘熄火。
3. 放涼後過濾即可。

黃耆豬心湯（電鍋版）

材料

豬心 2顆
水 1.5公升

香料

黃耆 10g
枸杞 10g
紅棗 15g
當歸 6g

調味料

鹽 適量
當歸枸杞酒 適量

作法

1. 起一鍋水汆燙豬心後，切片備用。
2. 香料藥材洗去灰塵。
3. 將切片後的豬心、香料及水1.5公升放進電鍋內鍋。
4. 外鍋加一杯水，按下電鍋開關。
5. 待開關跳起後，加入適量鹽調味，淋上些許當歸枸杞酒即可。

酸 苦 甘 澀 辛 鹹 涼 麻

火麻仁

最合法的管制品

〔別名〕大麻仁、火麻

〔主要產地〕中國各地均產。

〔挑選〕果粒碩大均勻，乾燥程度佳。

〔保存〕炒製過火麻仁一般在中藥房皆可找到，以常溫保存避免受潮即可。使用時再以研磨器或料理機研磨成粉。

在香港三不五時來一杯冰冰涼涼的火麻仁茶，是日常中一件再平常不過的事。火麻仁茶，是火麻仁加芝麻，炒香後研磨再加水及糖，所煮出的一道茶飲，現在的都會人，由於生活步調緊湊，日常作息不正常，常有ㄅㄅ不順的情形發生，在香港，喝火麻仁茶來改善，清清腸胃，就如同我們喝珍珠奶茶一樣的平常。

瞎米！火麻仁是大麻的種子，也是一種香料？大麻目前在台灣是管制藥品，不過經過熱處理後的大麻種子，卻是一種可合法進口的藥材香料。雖然大麻植物在台灣是管制毒品，不過經過熱處理，不會發芽的大麻種子，則是常見的中藥材。

根據記載，火麻仁在我們老祖宗使用的歷史，已有二千多年，算是一種便宜又好用的香料藥材，常用來調整ㄅㄅ不順的問題，及治療掉髮、烏黑頭髮…等。

火麻仁作為香料，常和芫荽子、香芹子、茴香、豆蔻、肉桂、香葉…等，製作成綜合香料，做為烘烤、醃漬肉類，或是海鮮去腥、提味之用，有時在咖哩的香料配方也會出現。

不過，雖然在台灣火麻仁是常見香料，卻沒有一種具有代表性的料理或綜合香料，反而在日本，有一種我們熟悉的調味料—七味粉，火麻仁即是其中的成分，七味粉在日本的地位，應該就像我們的胡椒粉或胡椒鹽一樣重要吧！

七味粉的主要香氣，大致上來自橙皮或陳皮，而基本咖除了辣椒粉及芝麻外，最常見的就是火麻仁，當然各家的配方不同，組成也不會一樣，也曾見過有些配方會以罌粟子來取代火麻仁。七味粉也不一定都是七種香料所組成，有一些配方會比七種還多，這一些相類似的香料組合，皆可稱為七味粉。

就像我們的五香粉也不一定是五種香料所組成，百草粉也不會剛好是一百種香料，是一樣的道理。

日式七味粉

香料

辣椒粉 50g
陳皮粉 12g
大蒜粉 12g
白芝麻粒 11g
黑芝麻粒 5g
火麻仁粒 5g
海苔粉 5g
花椒粉 5g

作法

將所有香料混合調勻即可。

七味粉嫩雞胸

材料

去皮雞胸 1付
蔥 2支
蒜頭 3瓣
開水 600cc
海鹽 10g
自製七味粉 適量

作法

1 蔥、蒜頭與開水、海鹽一起煮滾。
2 放入雞胸後關火，蓋上鍋蓋，燜15分鐘。
3 取出雞胸，沾裹適量七味粉後切片即可。

酸

苦

甘

澀

辛

鹹

涼

麻

芝麻

原粒榨油皆適宜

〔別名〕胡麻、油麻、脂麻、巨勝子、狗虱子

〔**主要產地**〕北非、西亞、東南亞、中國為主要產地。

〔**挑選**〕香氣明顯，無陳味或霉味。

〔**保存**〕市面上的芝麻可分為生熟兩種，生芝麻保存需注意避免受潮，保存期限比起熟芝麻要久一些；而熟芝麻購入後，要盡快使用完畢，以免產生油耗味。

小時候對於芝麻並無多深刻的記憶，只知道在離家不遠的地方，每當入夜後總會有一位外省老伯伯，推著一台手推車，推車上放了一個特製烤燒餅的缸，他總是在燒餅上鋪滿芝麻，放入缸內烤，沒幾分鐘就是一個熱呼呼帶有芝麻香的燒餅了。

長大後隨著對香料及料理有更多瞭解，對於芝麻就不再侷限於燒餅上的小顆粒，原來芝麻它還是一種中藥材，也可當作食材來看待，不管是發芽的芝麻芽菜，香噴噴的香油或胡麻油，還是標榜可以烏黑頭髮的芝麻糊，有關芝麻的商品都可以在自家廚房中輕易的發現。

傳統的中醫藥認為，芝麻可補中益氣、滋補五臟、潤滑腸胃，還能預防掉髮，常吃有烏黑頭髮的功用。黑芝麻油更是在以前的中藥處方製作膏藥的過程中佔有一席之地，是不可或缺的的基劑，如：大家耳熟能詳的經典藥方—紫雲膏，便是黑麻油加當歸、紫草及石蠟所熬製出來的。

芝麻子或許不是每家廚房所必備，但香油或是胡麻油，應該就是每個有開伙的廚房常備的油品了，除了當作一般料理或涼拌用油外，它可是我們在地濃濃台味，薑母鴨、麻油雞⋯的基本咖喱！少了這又香又濃的胡麻油，可是做不出這道地的滋味，還是媽媽們坐月子的好幫手。

而香料的使用上，常見的川式紅油常見用它來提香，在滷水香料也會將堅果類如花生、核桃及芝麻炒香後加入使用，一來提香，二來增加油潤感，降低香料帶出的苦澀味。

芝麻自從張騫出使西域帶回中原後，千百年來它一直都沒變，也一直扮演著健康的角色，只是我們常常會忽略那小小芝麻的重要存在。

薑母鴨

材料

紅面番鴨（公）（約2斤）　半隻
老薑　250g
黑麻油　200cc
米酒　1瓶
鹽　少許

香料（裝入棉布袋）

三奈　15g
枸杞　10g
川芎　6g
當歸　6g
黃耆　6g
白胡椒　5g
肉桂　5g
羅漢果　5g
桂枝　3g
甘草　2g～1份

沾醬

辣豆腐乳醬　1大匙
甜豆腐乳醬　2大匙
辣豆瓣醬　2大匙
二砂糖　適量
黑麻油　適量
蔥花　適量

作法

1. 鴨肉剁塊汆燙備用。
2. 將老薑洗淨晾乾、切段拍扁，鍋內倒入黑麻油，小火加熱，將老薑煸至微焦香，放入鴨肉續炒，炒至鴨肉半熟。
3. 起一鍋水，先放入香料包煮滾，煮滾後放入鴨肉及炒過的老薑，加入2／3瓶米酒，轉中小火續滾約一小時。
4. 再加1／3瓶米酒，最後依個人口味加適當鹽，再以小火續煮十分鐘。
5. 此時可加入個人喜好蔬菜及火鍋料，熟透後即可食用。

調製沾醬

將辣豆腐乳醬、甜豆腐乳醬、辣豆瓣醬、二砂糖、黑麻油一起調勻，再拌入蔥花即可。

《 美味小秘訣 》

- 米酒分兩次下鍋燉煮，可減少米酒使用量，並保留米酒香氣。
- 若不喜歡紅面番鴨扎實口感，亦可以菜鴨替代，並可縮短烹煮時間。

白湯肉骨茶

材料

排骨　1kg
蒜頭　2～3大球（蒜頭整粒帶膜更香）
白胡椒粉　少許
鹽　適量
水　2.5公升

肉骨茶香料包

白胡椒粒　15g
玉竹　15g
黨蔘　6g
川芎　6g
當歸　5g
肉桂　3g
甘草　3g
桂枝　3g

作法

1. 將白胡椒粒用刀背拍破，連同所有香料，裝入棉布袋中。
2. 排骨汆燙後備用。
3. 水滾後放入香料包、排骨和蒜頭，水滾後再轉中小火續煮約40分鐘。
4. 待排骨軟爛後，依個人口味斟酌加入鹽。
5. 肉骨茶完成後可撒些胡椒粉增添風味。

美味小秘訣

- 整顆不脫膜蒜頭，更能增添肉骨茶風味。
- 可隨意搭入各人喜好火鍋料及蔬菜，更能增加湯品特色。
- 最後撒入胡椒粉，可增添胡椒香氣的層次感。

酸
苦
甘
澀
辛
鹹
涼
麻

葫蘆巴子

催乳的神祕香料

〔別名〕苦豆、香豆子、香草

〔主要產地〕中東、中國。

〔挑選〕苦香味明顯，無霉味。

〔保存〕以常溫保存，使用時再炒過後、研磨成粉即可。

〔風味〕帶有一股特殊的苦味與香味，但經乾鍋炒製後，就會變成帶著楓糖香的神秘氣味。加入咖哩，能增加特別的香氣，也可用於麻辣鍋、百草粉中。

若在前些年，向一般朋友問起葫蘆巴子，大部分人的回答，應該會說葫蘆巴是什米碗糕，在這之前，葫蘆巴大概都是出現在中藥房的藥櫃中，鮮少人會將它和香料連結在一起，而這些年網路瘋傳的，葫蘆巴子有著催乳增乳的效果，將葫蘆巴詳細介紹了一番，並視為養生的神奇種子，一夕間，葫蘆巴在藥方的詢問度明顯增加，知名度也大大提升。

在中東料理或是印度料理中，葫蘆巴子算是一種常見的香料或是蔬菜，不管是當蔬菜，或將葫蘆巴子當作香料入菜，這具有苦香味的香料，嘗起來帶著苦味，但若經乾鍋炒製後，立馬就會轉變成帶有楓糖香氣的神秘氣味，有著特殊的魅力。印度咖哩香料中也常見到葫蘆巴，它那股特殊的苦味與香味，能為咖哩香料帶來奇妙的香氣。

歐洲的飲食方式，常將葫蘆巴發芽做成生菜食用，不過在歐洲，乾燥的葫蘆巴草，做為飼料的作用則遠遠大過芽菜食用的價值。

早期葫蘆巴在台灣通常作為藥材使用，只在少數的複方香料中才可能出現，而現今運用變多了，常會出現在咖哩香料、麻辣鍋或百草粉⋯，只是目前在華人地區，藥用的地位還是遠大於香料使用。

同時，葫蘆巴子也做為奶水少的產婦增加乳汁分泌的天然藥物之一。西方人不像華人，坐月子時，少不了各種湯水進補來增加乳汁分泌，西方國家因為沒有這種習慣，於是葫蘆巴粉就是中東或西方國家產婦增加乳汁分泌常用的天然藥物。這也就是為什麼近年來，無論東方或西方，將葫蘆巴子做成茶飲，都將其視為發奶聖品了！

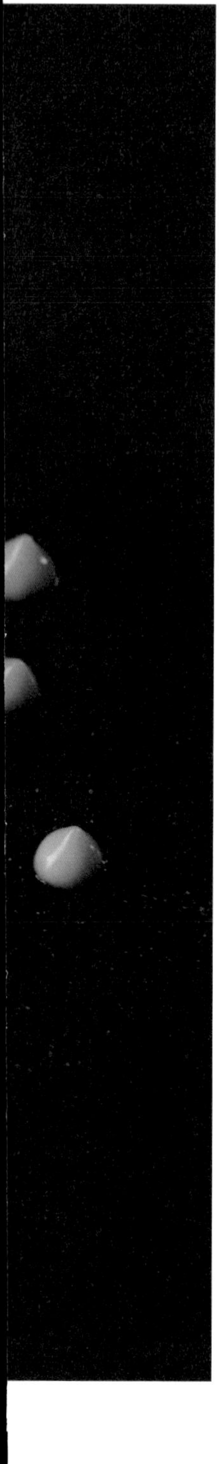

葫蘆巴美乃滋

材料

- 葫蘆巴 200g
- 沙拉油 600cc
- 蛋黃 3顆
- 檸檬汁 少許
- 海鹽 少許

作法

1. 將葫蘆巴放入160度烤箱烤10分鐘直至出現香氣。
2. 烤過的葫蘆巴與沙拉油一起煮滾後關火，靜置一個晚上。
3. 濾出葫蘆巴油備用。
4. 取蛋黃與檸檬汁、海鹽放入鋼盆攪拌均勻，再慢慢將葫蘆巴油以細絲狀流入鋼盆，並快速使之乳化成為美乃滋後即可。

酸
苦
甘
澀
辛
鹹
涼
麻

桃膠

平民版的的美容聖品

〔別名〕桃油、桃脂、桃樹膠、桃花淚

〔**主要產地**〕中國各地均產。

〔**挑選**〕呈琥珀色澤，雜質少。

〔**保存**〕常溫陰涼處保存即可。

〔**應用**〕少量即可膨發許多，使用前先泡發八小時以上，挑去細沙雜質，適合與銀耳、紅棗、蓮子等一起燉煮甜品。

甜湯專屬！早期要吃到這類甜品，大概有只有粵式餐廳才看得到、吃得到。在台灣藥舖體系中，桃膠算得上是一種冷門商品，詢問度一直很低，但在這兩三年來，似乎有一種爆紅的感覺。

由於近年來燕窩相關商品，不斷強打著是愛美朋友必備的飲品，所以這個有著養顏美容與燕窩相類似的效果，且價格親民的桃膠，迅速在媽媽圈中爆紅了起來。

「桃膠」是桃樹分泌汁液所凝結而成的黏稠潤滑植物性膠質，成分與阿拉伯膠相近，含有高纖、高植物蛋白，所以號稱能讓皮膚潤澤，輔助潤腸幫助排便，且泡發後的桃膠，膨脹率高，使用量相對少，常與紅棗、蓮子或銀耳搭配，製作成甜品，且做法簡單，與乾燥的銀耳有點相似，是平民版的的美容聖品。

不管是補充植物性膠原蛋白，或是用來幫助排便順暢，由於桃膠尚屬於藥材的一類，所以在享用這道甜品時，同時也要留意，若在經期時或懷孕期間，要稍微忌口一下。

按食品安全管理衛生法，及衛生福利部中醫藥司台灣中藥典暨圖鑑查詢系統中的相關資料，尚未將桃膠列入可使用範圍，也就是說，桃膠雖然已經風行許久，但依政府相關法令規定，目前桃膠尚未被正式納入可供食品原料使用。

桃膠銀耳蓮子露

材料

- 桃膠 30g
- 銀耳 10g
- 蓮子 30g
- 冰糖 60g
- 水 1.2公升

作法

1. 將桃膠放入清水中清洗灰塵，並泡發至漲軟，約需8小時。
2. 挑去表面雜質，反覆清洗乾淨，再撥分成一口大小適中塊狀。
3. 銀耳用清水泡發後，手撕成小塊。
4. 起一鍋水，放入桃膠、銀耳與蓮子，大火煮開後轉小火續煮約30分鐘。
5. 待湯汁變得濃稠厚，加入冰糖拌攪融化即可。

2-7 其他作用

前面幾個篇章，從香料的作用上來分類，不管是染色效果大於賦予香氣，或是可除異味而沒有增香效果，又或者可增加湯頭濃郁，吃起來卻平淡無味的香料，除了那些香料外，還是有許多富有香氣，也常被使用到的辛香料，很難被納入單一的分類，或是本身性質就無法被歸類，畢竟這不是用藥材的角度來分類，而是站在料理香料的角度來看待，所以最後這個篇章，就要介紹這些也常見於日常的其他香料們。

酸
苦
甘
澀
辛
鹹
涼
麻

排草

很容易被誤認為百草粉的單品香料

〔別名〕香排草、排香、香草

〔**主要產地**〕兩廣福建為主要產地。

〔**挑選**〕乾淨程度佳，不帶泥砂。

〔**保存**〕一般以常溫保存，並無特別需注意之處，只需避免受潮即可。

〔**風味**〕在香料的搭配使用上，習慣性會與甘松香及靈香草一同出現，雖不是必然，但早已成為一種特別的慣性。常用於麻辣鍋、滷水等川式風味的配方中，百草粉裡也常見，或用於綜合性的醃漬香料。

市面上有一種常見的綜合香料，一般人應該都不陌生，就是百草粉，但卻有很多人將百草粉誤認為是排草所研磨成粉的，由於念起來的音相近，所以就有了這種誤解。

不過在各家廠牌所生產的百草粉中，一定會將排草列為主要成分，但在兩岸的使用上，常常會讓人摸不著頭緒，因為大陸習慣用整株植物，而我們則常用地下根的部分，也就因如此，常會讓人誤以為是兩種不同的香料。

目前在台灣的香料市場中，排草較常使用在四川麻辣鍋或滷水等川式口味的香料上，再來就是台式百草粉，以及一些綜合性的醃漬香料之用，另外拜拜時所使用的香，排草也算是一種常見材料，常與沈香、檀香等香料，製作成高貴的供佛香燭。

無論是凡夫俗子或是水裡的悠游魚蝦，就連我們平常所敬仰的神佛，都喜歡排草的清香氣味。香料一詞各人認知不一，但如果連我們所供奉的神佛都說香，這肯定是香料！一定錯不了！

「百草粉」是一種概念，並非真的使用一百種香料，取其百字，表示比十三香或滷包更複雜，香氣更豐富之意。因此要以花椒、八角或肉桂為首皆可，甚至也可以用小茴香、草果、肉荳蔻，甚至苦味很明顯的木香來發想。百草粉並無特定規定，只要香料種類夠多，香氣層次感夠豐富，都可以稱為百草粉。不過它通常是細粉的型態，用以醃料為主，若是以粗顆粒狀或原片香料出現，則可以另外看待成麻辣鍋香料。

Lysimachia foenum-graecum

苦

澀

靈香草

增香驅蟲兩相宜

〔**別名**〕陵靈香、零香草、陵草驅蟲草

〔**主要產地**〕兩廣雲南為主要產地。

〔**挑選**〕香氣清香且明顯。

〔**保存**〕一般以常溫保存，並無特別需注意之處，只要避免受潮即可。

〔**應用**〕與甘松香及排草用於麻辣鍋時，能讓底蘊風味更有層次。

在一般的傳統中藥房，並不常見靈香草，也較少使用到，甚至大多數的中藥房並不會有存貨，可見它有多冷門。

不過自從四川麻辣鍋在台灣造成流行後，靈香草的詢問度也慢慢增加，知名度愈來愈高。只是說，早期從對岸流傳過來的四川麻辣鍋配方中，都是一些常見香料，並無太大的驚奇，但近十幾二十年來，四川麻辣鍋在台灣落地生根，湯頭及香氣變得更加在地化，香料配方自然也跟著更加複雜與多樣化了。

近年來很多的麻辣鍋香料中，常喜歡加入靈香、排草及甘松香，俗稱香料界的三兄弟，來增加香氣的層次感，但從何時，四川麻辣鍋的香料中開始加入這三兄弟，並無法確切的知道，不過這倒是不訝異，因為有香氣的辛香料，最後總是會脫穎而出，只能說托四川麻辣鍋的福，現在這香料界三兄弟，知名度真的提高了不少！

靈香草有著特殊的留香作用，乾燥的靈香草，香氣可維持數十年之久，而它本身又有防蟲、驅蟲的作用，是保存書籍、衣物、文件不錯的防蟲藥，香味比起樟腦丸，更清香也更持久；如果使用一段時間後香味降低了，拿出來曬曬太陽即可恢復香氣，在防蟲用途上，也常和氣味更濃的甘松香一起搭配。近年來夏季流行的驅蚊香料包裡面，靈香草也是常被使用的天然驅蚊藥材。

除上述提到，靈香草可用在麻辣鍋配方、防蟲驅蟲藥、百草粉及滷水中，這種香料還會運用在各項食品、醫藥及其他工業上，如：香水、飲料及香皂、煙草…等，只是這些較少為人知。

酸 **苦** 甘 **澀** 辛 鹹 涼 麻

何首烏

烏髮黑髮的神器

〔**別名**〕交藤、地精

〔**主要產地**〕中國華中、華南及華東為主要產地。

〔**挑選**〕乾燥程度佳，色澤褐黑但明亮。

〔**保存**〕盡量至中藥房購買，不要在路邊選購，以免買到假貨，花錢又傷身；以常溫保存即可。

相傳在唐朝順州河南縣有一個叫做何田兒的人，年過半百，身體虛弱膝下又無子嗣，有一天在山中看到一種植物，夜間植物的蔓藤會相互交藤，所以就將其根挖起帶回家食用，後來身體漸漸變得強健，頭髮也烏黑亮麗，十年內連生了數個兒子，而他的兒子何延秀也常食用，兩人都活到一百六十歲，他的孫子名字叫做何首烏，也活到一百三十多歲！何家人個個頭髮烏黑亮麗，所以就將此植物命名—何首烏，這大概也是中草藥裡少數以人名來命名的了。

以上神話故事一則，凸顯了以前人們對於中草藥並無臨床試驗的概念，都是直接以人體當試驗品，不過這也是歷史演進必然的現象，凡事都是後出轉精，也不必太過於在意現在看起來頗具靈異的傳說，不過話說回來，要是沒有前人的人體試驗，我們現在也沒那麼多的中草藥及辛香料可以使用了。

何首烏，顧名思義就是頭髮烏黑亮麗的意思。提到首烏的第一印象，除了既有的醫藥用途外，應該會聯想到黑芝麻，同樣能讓髮質烏黑亮麗，此外，也被廣泛運用在各式養生藥膳或茶飲之中。

目前台灣的首烏都是大陸所進口，本地尚無大規模的栽種，主要運用在藥物的使用上，其次是日常的養生藥膳或是保健茶飲，但近年來，不管是一般家庭、路邊攤或餐廳，紛紛吹起一股養生風，所以當作藥膳入菜的機會也就大大提高了，無論是耳熟能詳的首烏雞湯、皇帝雞湯，或是其他菜餚⋯，配方變化各家不盡相同，但都以首烏為主，也都強調首烏的作用。

除了養生藥膳的料理外，茶飲也是目前市面上常見的何首烏商品之一，而此類的茶飲品，多半都是強調有養血益肝、強筋骨這類的保健功效，或是能預防落髮及新增新髮等等。

首烏雞湯

材料

仿土雞 半隻
米酒 1杯
枸杞 20g
鹽 適量
水 2.5公升

香料

何首烏 20g
黃耆 15g
熟地黃 15g
黨蔘 12g
當歸 12g
芍藥 12g
川芎 12g
肉桂 6g
紅棗 5粒
甘草 5g

作法

1 雞肉汆燙切塊。
2 將所有香料裝入棉布袋。
3 起一鍋水，放入雞肉及香料包燉煮30分鐘。
4 加入1杯米酒及枸杞續煮5分鐘。
5 熄火後再以鹽調味即可。

美味小秘訣

- 枸杞最後放，可以讓湯色澤更好看，也不會因久煮而釋出枸杞的酸味。

酸
苦
甘
澀
辛
鹹
涼
麻

紫蘇

日本料理的最佳拍檔

〔別名〕白蘇、赤蘇

〔主要產地〕東南亞、中國東南部及台灣。

〔挑選〕色澤明亮且香氣明顯。

〔保存〕新鮮的紫蘇葉在保存前，應擦乾葉面水分，密封冷藏；乾燥的紫蘇，通常是連莖葉一起出售，較少見到單獨紫蘇葉，選擇香氣飽足為佳，常溫保存即可。

只要秋風一起，想到肥美的螃蟹，就會想到紫蘇葉，或是在日料中也常會與生魚片一同現身，因為螃蟹性寒，要嘛就是與黃酒一同蒸煮，要不然就是與這個既可以殺菌且又溫性的食材一起上場。讓這個常用的散熱去寒的感冒用藥，賦予更多食用的功能。

新鮮的紫蘇葉更可當作蔬菜來使用，不管是炒食或油炸、涼拌菜均適宜，也可當成火鍋涮煮或是烤肉的配菜食材，甚至烘焙點心也能使用上。

雖然紫蘇因為它的殺菌效果，常與海鮮或河鮮一同料理，但不管是新鮮的葉子還是乾燥的葉子，都有著更多的功用存在，例如在中式香料這端，通常是指乾燥的整株紫蘇而言，除了中式菜餚入菜，或是作為滷水香料使用外，在醃漬物或製作蜜餞時，乾燥的紫蘇葉也常用來增加香氣。

另外，紫蘇子也是藥材之一，用來榨油，也是一種高檔的健康食用油，具有預防高血脂、延緩衰老、降膽固醇⋯⋯等多種效果。

紫蘇梅、紅薑片，正是用紫蘇醃漬而成，除了抑菌、去腥的作用外，更多了染色作用。

綠紫蘇葉，日本料理所謂的「大葉」，常在生魚片的擺盤中見到，味道清爽，適合清爽的料理使用。

紫蘇奶油雞

材料

- 去骨雞腿肉 350g
- 紫蘇碎 50g
- 蒜碎 15g
- 洋蔥碎 25g
- 紅蔥頭末 20g
- 麵粉 適量
- 奶油 30g
- 鮮奶油 100cc
- 雞高湯 100cc

調味料

- 海鹽 適量
- 胡椒 適量
- 白酒 50cc

作法

1. 去骨雞腿肉以鹽、胡椒、白酒、少量紫蘇碎醃漬備用。
2. 將醃漬的雞腿肉沾裹少許麵粉，放入鍋中與奶油一起小火煎香。
3. 同鍋加入蒜碎、洋蔥碎、紅蔥頭末一起拌炒。
4. 加入雞高湯、鮮奶油燉煮至雞肉熟化。
5. 起鍋前再加入剩餘的紫蘇葉碎拌合即可。

酸
苦
甘
澀
辛
鹹
涼
麻

檀香

神明認證過的香料

〔別名〕陳香、真檀、浴香、陳圓

〔主要產地〕印度、東南亞、澳洲、廣東為主要產地。

〔挑選〕香氣明顯。

〔保存〕一般以常溫保存，並無特別需注意之處，只需避免受潮即可。

〔應用〕潮式滷包或川式滷包中常出現。

「檀香」有著綠色黃金樹的稱號，是神明認證過的香料。我們常會將檀香與神佛畫上等號，因為供奉神明的香案桌上最常出現，用檀香製作成的禮佛案香或香塔，或是出現在古代人焚香操琴的畫面中，既能安靜心神，也能怡情養性，還能在端午時節，製作成香包避邪之用。

而這類的相關運用，除了能安靜心神、達到怡情養性，其實背後隱藏著另一個預防疾病與治病的功用。

這個原本當成理氣止痛使用的藥材，其實老早就廣泛的出現於日常生活中。但香料層面的運用，尚有需摸索之處，畢竟與我們的想像有著一段不小的距離。

而在對岸的乾貨市場，檀香就不是這麼難相處了，除了上述的用途之外，也被當成香料來看待並使用，因為本身有木質香氣，且香味深沉、穿透力強，在滷製動物性食材時，常會利用它來提升後味，並去除食材本身的異味，不過提升香氣的作用，遠大於去除食材異味的作用，只是因為價格頗高，所以限制了它的用途廣度罷了。

但在台灣的習慣裡，卻甚少作為香料，多半以藥用居多，而最大宗還是以禮佛的案香為主。由此可知，兩岸對於某些香料使用及看法上，還是存在極大的差異性。

苦

澀

涼

藿香

麻辣河鮮有獨特香氣

〔別名〕土藿香

〔**主要產地**〕華中為主要產地。

〔**挑選**〕乾燥程度佳且香氣明顯濃郁。

〔**保存**〕藿香在台灣並無鮮品出售，都以乾燥型態出現，一般以常溫保存，並無特別需注意之處，只要避免受潮即可。

在中式香料的品項中，有一部分多數人會認為是藥材，而不會往香料或是食材去聯想，藿香就是其中之一。

不管是常聽到用於中暑、消化不良，或是腸胃型感冒的藿香正氣散，或是對岸這幾年正紅火流行，夏季感冒拉肚子常用的藿香正氣水，在大家既定印象中，還是當成藥材看待。

因為有著去濕效果，及濃郁特殊的香氣，再加上可殺菌、除異味，在四川這種因氣候環境因素而長年濕氣重的地區，自然就衍伸出料理或是日常香料的運用，常與魚鮮料理搭配，來去除河鮮中較重的土腥味，這幾年麻辣味型廣為流行後，藿香也被融入其中，當成是複式香料的一環。也因有著濃郁的氣味，天然的防蚊香包中也常使用。

而在台灣，藿香卻不曾被入菜或是當成辛香料。內地的許多地方，由於是藿香產地，因此在當地，更真真實實的成為新鮮食材，甚至被譽為平民的香草，除了我們已知的與河鮮搭配料理，在夏季藿香葉子正嫩時，作為涼拌菜或是麵食，一樣是借助藿香來達到解暑化濕的養生保健效果。

有時地方特產便會衍伸出不同的飲食文化，就如藿香這類本地並無種植的，我們對於它就相對無感，若是本地有種植的，如當歸、紅棗之類，就會自然地成為飲食的一部分。

HAWTHORN

酸 苦 甘 澀 辛 鹹 涼 麻

山楂

烏梅湯的最佳男配角

〔別名〕山裡紅、棠球子、山梨、鼠楂

〔**主要產地**〕中國華中以北，以河南為代表。

〔**挑選**〕外皮色澤紅亮，果粒碩大飽滿，以去子味佳。選購顏色較偏紅的新貨為宜。

〔**保存**〕常溫保存即可，但應避免受潮。

〔**風味**〕市面上山楂大致可分去子及未去子仙楂，通常以去子山楂較佳，熬煮起來會較無澀味。

初夏季節，來上一串糖球子的冰糖葫蘆，也就是新鮮山楂所蜜的糖葫蘆，是我這幾年在內地工作經歷中，除了烏梅湯外，對山楂另外的記憶點了。

在台灣，一提到山楂，便被聯想為減肥、消脂茶的第一首選，只要在網路稍微搜尋一下，各式有關山楂的茶飲，多如過江之鯽，大家都愛美，所以往往到夏天時山楂的銷量便會大增。除了大量用在茶飲外，也廣泛用於製造糖葫蘆、山楂餅、山楂糕及其他蜜餞零食上。

小時候，看見大人帶著小朋友來家中藥舖抓藥，小朋友總是怕吃藥，尤其更怕那黑黑苦苦的中藥，這時爺爺或爸爸，就會拿出一包包的山楂粒來哄小朋友。我想那也是當時小孩看病才有的專屬優惠！

說起山楂，一定還要提到麻辣鍋的最佳拍檔—烏梅湯，山楂雖然不是主角，卻是第一男配角，沒有山楂的烏梅湯，總少一種說不出的滋味，可說是最佳綠葉。除此之外，山楂也常因為有軟化肉質及去除油膩感的作用，而在滷水中被使用著。

在那物質生活不富裕的年代，娛樂沒像現在如此之多，日常能享用的零食也不多，每當遇到神明生日或廟會的慶典活動，我們這幫小鬼們總愛往野台戲棚下鑽，倒不是愛看戲，而是垂涎戲臺下，小販們的各式各樣吃食及玩具，烤魷魚、醃芭樂、打彈珠⋯都是最愛，還有一樣今日的主角～醃烏梨，樣子有點像營養不良的梨子，酸甜的滋味，吃過後任誰也忘不了！這就是兩岸對於冰糖葫蘆最大的差異吧！

山楂桂花烏梅湯

材料

A
- 烏梅 110g
- 甘草 20g
- 山楂 75g
- 陳皮 25g
- 洛神花 15g
- 羅漢果 15g

B
- 桂花 5g
- 二砂糖 330g
- 冰糖 220g

作法

1. 將材料A入鍋，加8公升水，以大火煮開。
2. 待滾後轉小火續煮30分鐘，熄火放入桂花，燜兩小時後過濾。
3. 加入二砂糖、冰糖融化均勻即可。
4. 進冷藏保存。

酸
苦
甘
澀
辛
鹹
涼
麻

公丁香

有公母之分，天然防腐劑

〔別名〕雞舌香、丁子香、雄丁香

〔主要產地〕印尼為主要產地。

〔挑選〕香氣明顯，帶濃郁辛辣感。

〔保存〕丁香粒宜用密封罐收藏，可避免香氣迅速揮發，存放至陰涼處，並避免受潮，放置冷藏可延長保存期限，約可存放1~2年；丁香粉以密封瓶存放即可。

〔風味〕公丁香味濃，母丁香味淡；料理常用的是公丁香，是台式五香粉的基本咖。

遠在漢朝時，丁香就被運用在日常生活中，在那沒有牙膏的年代，皇帝又高高在上，每天還要很早就起床，粉辛苦的進宮上早朝，跟皇帝老子開餐前會報，一個不小心口中氣味不佳，又要擔心老命不保ㄚ～還好，當時有這味！跟皇帝老子報告事情時先含一個丁香，便可消除口臭了。

丁香原產於印尼，屬桃金孃科丁香屬的植物，丁香樹是一種常綠喬木，花為紅色，聚傘花序，花蕾初為白色，後轉為紅色，此時就可以採收了，果實為長橢圓形，有點像減肥後的草果，稱為母丁香。

母丁香雖也是香料的成員之一，但與公丁香相比，香氣略遜一籌，也因長期以來，大家習慣性的都使用公丁香，所以一般用到母丁香的機會也就比較少，在台灣的香料市場中幾乎找不到，就連在藥材市場也難見到，反倒是在對岸的香料市場中不難見到。

丁香的運用面非常廣，從一般常見的滷包、五香、百草粉，到麻辣鍋、咖哩粉，再到對岸慣用的八大味、十三香，都可看到丁香的蹤跡，幾乎複方的香料組成也都少不了丁香，就連化妝品、香煙再到天然防腐劑，裡面都含有丁香。但由於香氣過於濃烈、外放，不夠內斂，所以用的劑量都不大，也就一直都無法當主角了，相信聞過丁香香味的朋友，一定忘不了它那野放的香味。

丁香雖然歸類為中式香料，但在歷史中是不折不扣的舶來品，原產於印尼，歷史中大概是從唐朝以後才大量從印尼進口，但為了解決用藥的問題，從1950年代左右，海南島已有大量栽種。

丁香還有另外兩種重要的功能，一是當天然的防腐劑，另一為牙齒的止痛劑。蒜、生薑、花椒、丁香、黑胡椒等許多香辛料的提取物，都有一定的防腐抑菌作用，丁香所萃取出的丁香油也是，可作為天然食品防腐劑，但若作為牙齒的止痛劑，亦需要萃取丁香精油來使用，不過丁香精油是一種高濃度的精油，若未稀釋直接使用於皮膚，則會造成皮膚過敏，所以我們常見到的是牙醫所使用有丁香萃取成分的麻醉止痛劑，並非簡單用一粒丁香就能止痛的。

古早味肉燥

材料

- 豬絞肉　1斤
- 紅蔥頭　3粒
- 蒜頭　5粒
- 醬油　1杯
- 冰糖　適量
- 水　適量
- 沙拉油　少許

香料粉

- 五香粉　3g
- 肉桂粉　3g
- 胡椒粉　2g

作法

1. 紅蔥頭與蒜頭切末。
2. 起一油鍋，先爆香紅蔥頭末與蒜末。
3. 下豬絞肉及香料粉炒至變色後，再下醬油炒出醬油香味，加冰糖。
4. 加水蓋過豬絞肉即可，煮滾後，轉小火續煮一小時。

美味小秘訣

- 若不用新鮮紅蔥頭及蒜頭，可用紅蔥酥取代。

◆海南雞

材料

A

米　2杯
紅蔥頭　3粒
蒜頭　4粒
雞油　少許
雞高湯　適量
鹽　少許

B

仿土雞腿　2支
青蔥　2支
鹽　適量

香料

白胡椒粒　5g
鮮南薑切片　5片
花椒粒　2g
八角粒　3g
三奈　8g
鮮香茅　2根

紅醬作法

辣椒醬1大匙，與少許蒜泥、鹽、糖及檸檬汁拌勻即可。

青醬作法

1—青蔥、老薑切細末，拌入少許鹽、胡椒鹽。

2—沙拉油燒熱後，趁熱拌入蔥薑末，加入些許香油即可。

米飯作法

1—雞油少許，紅蔥頭及蒜頭切末，先炒出香氣。

2—米洗淨後，放入電鍋，加入雞高湯，鹽少許及炒香的紅蔥頭、蒜末，用電鍋煮成米飯備用。

海南雞腿作法

1—雞腿洗淨，均勻抹上鹽，放置冷藏4小時入味。

2—起一鍋水，加鹽，鹹度要比平常喝湯的鹹度3~5倍。

3—鮮香茅洗淨拍破，與雞腿、蔥段及其他香料，放進鍋中，開中火煮微滾後，轉小火續煮20分鐘，熄火再燜，至筷子能穿插雞肉為準。

4—撈起雞腿剁塊。

5—米飯、雞肉、沾醬擺盤即可。

酸
苦
甘
澀
辛
鹹
涼
麻

蓮子

不是蓮花所生的蓮子

〔**別名**〕荷實、藕實

〔**主要產地**〕華中、華東及台灣為主要產地。

〔**挑選**〕乾燥程度佳，甜味明顯，無霉味或陳味。

〔**保存**〕常溫陰涼處保存即可；若是鮮品則以冷藏保存。

蓮子都說是蓮花的種子，但「蓮子」正確來說，其實是荷花所結的蓮蓬裡的種子！是一種常見也常用，多用途與多品名的植物，從地下根莖的藕節，到所開的荷花，再到蓮蓬，蓮蓬裡的蓮子，甚至於蓮子裡的蓮心，都能當成降火氣的中藥材使用，就如同先前所提到的桂樹一般，全身上下皆可利用。

而蓮子，常見於東南亞菜色，也在華人的餐桌上及傳統甜品中經常出現，更是一種常見的中藥材，新鮮食材也常入菜，用於粥、甜品，與百合、桂圓、枸杞、山藥、芡實⋯一同搭檔演出，是一種鹹甜皆宜的食材。

有著健脾止瀉、安神養心，利尿、消水腫、清熱降火的效果，但也因為有著止瀉收澀特點，平時容易排便不順，以及容易腹脹的朋友在食用上就要適可而止。

蓮子分成鮮品及乾燥兩種，鮮品於採收季約6～10月在市場可見，但早期新鮮的蓮子並不容易見到，自從白河蓮子闖出名號後，再加上冷藏保存的設備發達，及進口的關係，現在一年四季均可見到，新鮮蓮子台灣以白河蓮子最負盛名，對岸則以江南產出為最。

而蓮子採收後，初秋時節地下成熟的蓮藕也就跟著上市了，不管是燉煮湯品或是蜜蓮藕鑲糯米，亦或是做成藕粉，或是直接切成薄片涮火鍋，用途一樣多樣化。

在烹煮新鮮蓮子時，直接入鍋燉煮即可，只要避免外皮破裂，吃起來香氣淡雅、微微自然甜，鬆軟中帶微Q的口感，比起乾燥後的蓮子更勝一籌！但由於乾燥後的蓮子易保存，所以目前市面上還是以乾燥的蓮子為大宗。

四神湯

材料

豬小腸　1斤
米酒、薑片　適量

四神一份

蓮子　40g
山藥　30g
茯苓　50g
芡實　30g

調味料

胡椒粒　1小匙約3g（拍破用棉袋裝）
當歸　1小片（約3公分見方或兩個指甲片大）
白胡椒粉　適量
鹽　適量
當歸枸杞酒　適量

作法

1. 小腸清洗異味：先用刀刮去表面雜質，然後再將小腸翻面，清洗腸內黏附的脂肪和穢物，用清水洗。
2. 用鹽反覆搓揉，用清水洗淨。
3. 最後加入一大匙麵粉繼續搓洗，直到去除異味即可。
4. 起一鍋水，加入些許米酒及薑片，汆燙小腸後切段備用。
5. 起一鍋水約2公升，放入四神材料、胡椒粒棉袋及當歸片與小腸。
6. 開大火煮滾，轉小火，小腸煮約40分鐘。
7. 熄火前以鹽調味，滴上些許當歸枸杞酒提味。
8. 再以個人喜好，撒上白胡椒粉增香。

雪蓮子

另外有種雪蓮子，其實是西式料理常用的食材「鷹嘴豆」，也常被製作成零食，其形狀尖如鷹嘴而得名，又稱為雞豆或埃及豆；因為色澤、外觀與蓮子有點相似，所以就有了雪蓮子的稱號。

酸
苦
甘
澀
辛
鹹
涼
麻

芡實

早期羹湯勾芡的第一選擇

〔別名〕雞頭米

〔主要產地〕全中國、江西為主要產地。

〔挑選〕鮮品：Q彈有糯性，微甜。乾品：乾燥程度佳，顆粒飽滿粉性足。

〔保存〕鮮品：冷凍或冷藏保存。乾品：常溫陰涼處保存即可。

〔應用〕是四神湯中原本的基本咖！具有健脾、益腎、安神及止瀉、去濕作用。

可曾想過，在地瓜粉或是太白粉還沒出現的年代，我們所吃的羹湯是用什麼粉來勾芡的？有一種長的很像我們小時候所吃的蒸豌豆，但口感卻是ＱＱ的蔬菜嗎？

「芡實」，在我們傳統的小吃四神湯中是基本成員，號稱為水中人蔘，睡蓮科芡的成熟果實，因為果實的外觀很像雞頭，所以又稱為雞頭米。具有健脾、益腎、安神及止瀉、去濕作用，與蓮子相似，常與蓮子、山藥、茯苓……一同出現在湯品中，也就是大家熟悉的四神湯。

剛採收下來的芡實，在對岸的江南也是一道時蔬，夏末初秋時節市場上就能輕易見到，新鮮雞頭米炒製煨煮後，口感Ｑ彈，只可惜台灣好像還沒見到過。

新鮮與乾燥後的芡實，口感差異頗大，新鮮時Ｑ中帶著微微的甘甜味，而乾燥後，質地呈現質黏，味有微微的澀感。

除了乾燥的芡實，與新鮮的雞頭米之外，在早期還沒地瓜粉與太白粉的年代，芡實的另外一個作用，就是研磨成芡粉，作為羹湯勾芡之用。

然而目前大多數的四神湯，多半以薏仁來取代芡實，而完全忘記薏仁在四神湯裡其實是一個山寨版的角色，也似乎這芡實好像從來沒在四神湯出現過一樣，多數人的心中，只有薏仁的存在，卻忘了「芡實」才是原本四神湯裡的基本咖！有時還真需要還芡實一個公道才是。

山藥

鮮食熟食兩個樣

〔別名〕懷山、淮山、薯芋、山芋

〔**主要產地**〕全球均產，亞熱帶地區為主要產地。

〔**挑選**〕鮮品：有沉重感，水分多，也相對新鮮。乾品：無酸味為佳。

〔**保存**〕陰涼通風處或冷藏。

〔**應用**〕鮮品有整腸、促進腸胃蠕動效果，能幫助排便，食用過多則容易讓一部分胃腸敏感的朋友拉肚子；而乾品熟食過多，則容易讓原本排便不順暢的朋友，更會有便秘的狀況出現。乾品在使用上，一般多燉湯，或研磨成粉做成飲品，或是直接食用。

山藥不是藥，就如同全穀根莖類一樣，說是蔬菜應該比較恰當，治病只是附屬功能。就像生薑、青蔥，古人將它辛辣能發汗的特點拿來治感冒，因而載入醫藥典籍一般。

中藥舖常聽見的淮山，就是俗稱的山藥，而兩岸對於山藥的加工模式存在著差異性，台灣習慣加工斜切成片，對岸除了切成片外，也常見切成小方塊，有著補中益氣，降血脂、促進腸胃蠕動，促進吸收功能，降三高，消除疲勞，抗老化的保健效果。

而新鮮山藥特殊的黏稠口感，更被譽為養胃聖品，不過藥舖體系中還是慣用切片乾燥的山藥。山藥生食與熟食作用差異頗大，生食比較能保留營養及原味，能整腸、促進腸胃蠕動，吃多會拉肚子，最常見的吃法就是山藥磨泥拌飯或是拌成沙拉食用。

而乾燥的山藥，熟食吃多則容易對部分朋友造成排便不順暢，也就是為什麼，早期與現今的藥膳食補，搭配其他食材燉煮四神湯來健胃整脾，而達到止瀉痢的效果了。

山藥元氣粥

材料

紅棗 10粒
白米 250g
新鮮山藥去皮切絲 200g
豬肉切絲 100g
高湯 2公升

調味料

鹽 適量
胡椒粉 適量
蔥花 適量

作法

1 — 白米洗淨。
2 — 高湯、紅棗、白米一同煮開，轉小火續煮約20分鐘。
3 — 待白米粥煮好後，加入新鮮山藥絲、豬肉絲續煮5分鐘。
4 — 最後加入鹽調味，撒上蔥花及胡椒粉提味。

美味小秘訣

- 在瓦斯爐煮粥時，要不時攪拌一下，可避免沾鍋以及粥湯溢出來。
- 亦可用電鍋操作。

酸

苦

甘

澀

辛

鹹

涼

麻

茯苓

不同部位，多個名稱

〔別名〕茯菟、茯靈

〔主要產地〕四川、雲南、湖北、安徽為主要產地。

〔挑選〕乾燥程度佳，無刺鼻硫磺味與酸味。

〔保存〕常溫陰涼處保存即可。

〔風味〕四神湯的必用材料之一，為四季皆宜的藥膳香料，入甜點或是湯品皆適合。

從前，茯苓採收只能到松科植物的根上去碰碰運氣，現今則人工栽培居多。與肉桂樹一樣，在不同的部位就有不同的名稱，菌科真菌茯苓，以寄生型態出現，多寄生在松科植物根上，野生及栽培均有。

有球狀或塊狀，乾燥後去外皮切片，或捲成筒狀成茯苓卷。是一種四季皆宜的藥膳材料，甜點或是湯品皆宜，以現代角度來看，茯苓含有茯苓多醣，可以增強體質、提升免疫力，增加食慾，利水滲濕利尿，健胃和脾降血糖止瀉⋯等多項好處。

就連傳統甜點茯苓糕，都以茯苓粉為基底來製作，雖然現在的茯苓糕，大部分都已用在來米粉取代茯苓粉的角色，但仍不損茯苓糕這個傳統糕點的經典所在，除了傳統的茯苓糕外，四神湯更是經典用法，其他開胃健脾的養生湯品配方中也時常可見。

但茯苓的球狀塊莖，不同部位有不同名稱，作用也有些許不同；根莖外皮為「茯苓皮」，皮與白茯苓之間有點赤色的部分就稱為「赤茯苓」，而我們最常用的「白茯苓」即裡面白色的部分，若中間包覆著松根，就為「茯神」。

茯神

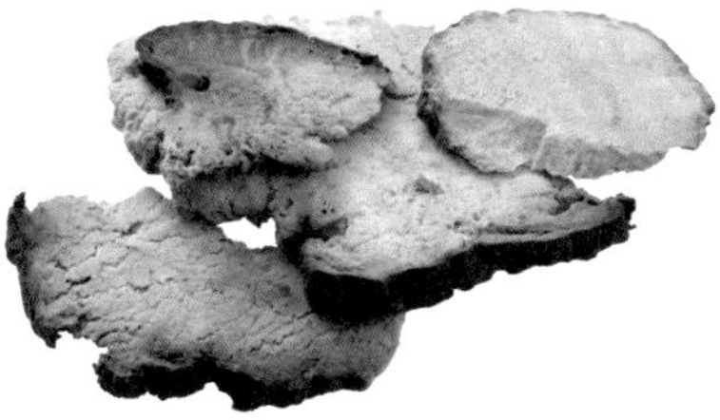

赤茯苓

家族香料

1-1 胡椒家族

香料名稱		酸味	苦味	甘味	澀味	辛味	鹹味	涼味	麻味
白胡椒	White Pepper					•			
黑胡椒	Black Pepper					•			
綠胡椒	Green Pepper					•			
紅胡椒 **胡椒科**	Red Pepper			•		•			
紅胡椒 **漆樹科**	Red Pepper		•		•	•		•	
長胡椒 **畢撥**	Long Piper				•	•			
甜胡椒	Allspice		•	•	•	•		•	
馬告 **樟樹科**	Makauy		•		•	•		•	
畢澄茄 **樟樹科**	Cubeb		•		•	•			
畢澄茄	Tailed Pepper		•		•	•		•	

1-2 茴香家族

香料名稱		酸味	苦味	甘味	澀味	辛味	鹹味	涼味	麻味
大茴香 **西式大茴香**	Anise			●	●			●	
小茴香 **中式小茴香**	Fennel			●		●		●	
孜然 **西式小茴香**	Cumin			●		●		●	
葛縷子	Caraway seed		●		●	●		●	
時蘿	Dill		●			●		●	
黑孜然	Black Cumin			●		●		●	
藏茴香	Ajwain					●		●	●
八角茴香 **中式大茴香**	Star Anise		●	●		●			

1-3 花椒家族

香料名稱		酸味	苦味	甘味	澀味	辛味	鹹味	涼味	麻味
紅花椒	Red Zanthoxylum		●		●				●
青花椒	Green Zanthoxylum		●		●		●		●
保鮮青花椒	Green Zanthoxylum		●		●		●		●
藤椒	mastic-leaf prickly ash		●		●		●		●
早期南路椒	Green Zanthoxylum		●		●		●		●

1-4 豆蔻家族

香料名稱		酸味	苦味	甘味	澀味	辛味	鹹味	涼味	麻味
白豆蔻	Cardamom					●		●	
草豆蔻	Katsumade Galangal Seed		●		●				
紅豆蔻	Fructus Galangae				●	●		●	
黑豆蔻	Black Cardamom		●		●			●	
綠豆蔻	True Cardamom		●		●			●	
肉豆蔻	Nutmeg		●		●			●	
香果	seed of Nutmeg		●		●			●	

1-5 肉桂家族

香料名稱		酸味	苦味	甘味	澀味	辛味	鹹味	涼味	麻味
肉桂	Cassia			●		●			
桂枝	Guizhi			●		●			
桂智	Gui Zhi			●		●			
桂子	Fruit of Cassia		●	●	●	●			
桂根	Root of Cassia			●		●			
肉桂葉	Cinnamon leaves			●		●			

PLUS 香葉家族

香料名稱		酸味	苦味	甘味	澀味	辛味	鹹味	涼味	麻味
香葉	Bay leaf		●		●			●	
陰香葉	Indonesian cinnamon		●		●	●		●	

1-6 薑科植物種子家族

香料名稱		酸味	苦味	甘味	澀味	辛味	鹹味	涼味	麻味
草果	Tsaoko					●		●	
益智仁	Sharpleaf Galangal			●		●		●	
砂仁	Fructus Amomi	●	●	●	●			●	
香砂仁	Fragrant Amomum							●	

1-7 薑科植物地下莖家族

香料名稱		酸味	苦味	甘味	澀味	辛味	鹹味	涼味	麻味
高良薑	Lesser Galangal				●	●			
三奈	Sand ginger				●	●			
乾薑	Dried ginger					●			
薑黃	Turmeric		●		●				

1-8 蔘類家族

香料名稱		酸味	苦味	甘味	澀味	辛味	鹹味	涼味	麻味
人蔘	Ginseng		●	●					
東洋蔘	Japanese ginseng		●	●					
西洋蔘	American ginseng		●	●					
黨蔘	Tangshen	●		●					

1-9 繖型花科家族

香料名稱		酸味	苦味	甘味	澀味	辛味	鹹味	涼味	麻味
當歸	Angelica		●	●		●			●
川芎	Chuanxiong		●		●	●			●
白芷	Dahurian Angelica				●	●		●	
芫荽子	Coriander seeds				●				

1-10 芸香科家族

香料名稱		酸味	苦味	甘味	澀味	辛味	鹹味	涼味	麻味
陳皮	Tangerine peel		●	●		●			
枳殼	Submature Bitter Orange	●	●		●				
青皮	Immature Tangerine Fruit	●	●		●	●			

香料性味

2-1 染色作用

香料名稱		酸味	苦味	甘味	澀味	辛味	鹹味	涼味	麻味
黃梔了	Cape jasminc	•	•						
熟地黃	Dihuang	•		•					
杜仲	Eucommia		•		•				
番紅花	Saffron		•	•		•			
紫草	Gromwell root		•		•				
薑黃	Turmeric		•		•				

2-2 異香作用

香料名稱		酸味	苦味	甘味	澀味	辛味	鹹味	涼味	麻味
阿魏	Asafoetida		•		•				
甘松香	Nardostachys		•	•	•				

2-3 苦澀抑腥增香

香料名稱		酸味	苦味	甘味	澀味	辛味	鹹味	涼味	麻味
木香	Aucklandia root		•		•				
一口鐘	Fruit of *Eucalyptus robusta*		•		•				
五加皮	Wujiapi		•		•				
白果	Ginkgo		•	•	•				
枳殼	Submature Bitter Orange	•	•		•				
青皮	Immature Tangerine Fruit	•	•		•	•			

2-4 調性味作用

香料名稱		酸味	苦味	甘味	澀味	辛味	鹹味	涼味	麻味
金銀花	Honeysuckle				•			•	
檳榔子	Betel nut		•		•				
薄荷	Mint							•	
菊花	Chrysanthemum		•		•				
羅漢果	Monk Fruit			•					
甘草	Licorice			•					

2-5 甜味作用

香料名稱		酸味	苦味	甘味	澀味	辛味	鹹味	涼味	麻味
枸杞	Chinese wolfberry	●		●					
紅棗	Jujube	●		●					
羅漢果	Monk Fruit			●					
甘草	Licorice			●					
黃耆	Astragalus			●					

2-6 滋潤作用

香料名稱		酸味	苦味	甘味	澀味	辛味	鹹味	涼味	麻味
火麻仁	Fructus cannabis			●					
芝麻	Sesame			●					
玉竹	Yuzhu			●					
葫蘆巴子	Fenugreek	●	●	●	●				
桃膠	Peach gum								

2-7 其他作用

香料名稱		酸味	苦味	甘味	澀味	辛味	鹹味	涼味	麻味
排草	Anisochilus		●		●				
靈香草	Lysimachia foenum-graecum		●		●				
何首烏	Tuber fleeceflower root		●		●				
紫蘇	Perilla				●				
檀香	Sandalwood		●		●				
藿香	Korean mint		●		●			●	
山楂	Hawthorn	●	●		●				
公丁香	Clove	●			●	●			
香茅	Lemongrass		●		●	●			●
蓮子	Lotus seed			●					
芡實	Qian Shi								
山藥	Common yam								
茯苓	China root		●		●				

餐桌上的中式香料百科

從飲食軼事到色香味用，厚實料理深度的香料風味事典

作者　盧俊欽、潘瑋翔
美術設計　黃祺芸
攝影　王正毅
社長　張淑貞
總編輯　許貝羚
編輯企劃　馮忠恬
行銷　陳佳安、蔡瑜珊
料理協力　許家豪、林宬源、孫泓軒、曾煌家、林冠文
李易樺、陳靜穎、許鳳如、陳威竹
發行人　何飛鵬
事業群總經理　李淑霞
出版　城邦文化事業股份有限公司　麥浩斯出版
地址　104台北市民生東路二段141號8樓
電話　02-2500-7578
傳真　02-2500-1915
購書專線　0800-020-299

發行　英屬蓋曼群島商家庭傳媒股份有限公司城邦分公司
地址　104台北市民生東路二段141號2樓
電話　02-2500-0888
讀者服務電話　0800-020-299（9:30AM~12:00PM；01:30PM~05:00PM）
讀者服務傳真　02-2517-0999
讀者服務信箱　csc@cite.com.tw
劃撥帳號　19833516
戶名　英屬蓋曼群島商家庭傳媒股份有限公司城邦分公司
香港發行　城邦〈香港〉出版集團有限公司
地址　香港灣仔駱克道193號東超商業中心1樓
電話　852-2508-6231
傳真　852-2578-9337
Email　hkcite@biznetvigator.com
馬新發行　城邦〈馬新〉出版集團 Cite(M) Sdn Bhd
地址　41, Jalan Radin Anum, Bandar Baru Sri Petaling,
57000 Kuala Lumpur, Malaysia.
電話　603-9057-8822
傳真　603-9057-6622

製版印刷　凱林印刷事業股份有限公司
總經銷　聯合發行股份有限公司
地址　新北市新店區寶橋路235巷6弄6號2樓
電話　02-2917-8022
傳真　02-2915-6275
版次　初版8刷 2023年 8 月
定價　新台幣550元／港幣183元

餐桌上的中式香料百科：從飲食軼事到色香味用，厚實料理深度的香料風味事典 / 盧俊欽, 潘瑋翔著. -- 初版. -- 臺北市：麥浩斯出版：家庭傳媒城邦分公司發行, 2020.06
面；　公分
ISBN 978-986-408-601-6(平裝)

1. 香料 2. 調味品 3. 食譜

427.61　　109005666